추천의 글

'왜'라는 질문에 답을 주는 힌트북

이 책은 아이들의 '왜'라는 질문에 '원래' 또는 '그냥'이라는 말로 답하지 않고 수학적 개념을 '위치와 질서'에 따라 차분하게 설명합니다. 교과서 문제를 활용하여 친숙하게 다가온 점, 개념 따라쓰기로 개념을 머릿속에 각인시킨 점도 이 책의 강점입니다. 힌트북을 통해 '왜'라는 질문에 수학적 개념으로 답변할 수 있는 실력 있는 학생들이 되기를 기대합니다.

정성윤 선생님(서울세검정초등학교)

과제집착력을 길러주는 효과적인 구성!

학급에서 수학 수업을 할 때 최대한 답을 나중에 알려주면서 힌트를 주거나 문제를 이해할 수 있도록 풀어 설명해 줍니다. 과제집착력, 즉 문제를 끝까지 풀어내고자 하는 태도가 결국에는 수학 실력 향상에 도움이 된다고 생각하기 때문입니다. 힌트북은 아이들이 혼자 공부할 때에도 과제집착력을 기를 수 있는 효과적인 구성을 가진 교재라고 생각합니다. 힌트북은 수학을 잘 하고 싶어하는 아이들에게 기본기를 꼼꼼히 다져주는 좋은 친구이자 선생님이 되어 줄 것입니다.

류윤정 선생님(중앙대학교 사범대학 부속초등학교)

문제의 실마리를 주는 힌트

문제를 풀다 막히면 답지부터 찾아본 경험, 누구나 있을 거예요. 그런데 이 책엔 힌트북이 있어 답지를 보지 않고 문제의 실마리를 찾을 수 있습니다. 또 본문에서 개념을 따라 쓰는 코너가 있어서 학생들이 개념을 얼마나 잘 알고 있는지를 점검할 수 있다는 점도 매우 유익합니다.

박명선 선생님(덕은초등학교)

만만하게 시작하는
혼공 기본서

새 교육과정에서 중요시하는 과정 중심 평가에 맞는 학습서

새로 개정된 수학과 교육과정은 학습 결과 평가뿐만 아니라 과정 중심 평가도 중요시하여 종합적인 학습 평가를 지향하고 있습니다. 과정 중심 평가에서의 핵심은 학생들의 요구에 맞추어 피드백이 즉각적으로 이루어져야 한다는 것입니다. 그런 점에서 이 책은 단계별로 효과적인 수학 학습이 되도록 학생 본인의 사고에 맞게 학습을 조절할 수 있습니다. 목표에 도달했다고 하더라도 어떤 과정으로 도달했는지, 혹은 어떤 이유로 도달하지 못했는지에 대한 학습 방향을 알려주는 나침반 같은 역할을 할 수 있기를 기대합니다.

최현아 선생님(서울가락초등학교)

수학에 자신 있는 친구들에게도 추천해요.

힌트북에서는 귀여운 캐릭터들이 설명해 주는 힌트를 통해 아이들이 개념과 원리를 지루하지 않고 흥미 있게 집중하여 이해할 수 있습니다. 수학을 많이 버거워하는 아이들도 캐릭터들이 차근차근 설명하는 힌트를 따라가며 자신감을 키우게 될 것입니다. 풀이가 힘들고 귀찮아 힌트를 먼저 펼쳐보게 되는 아이들도 힌트 속에 녹아 있는 개념과 풀이 과정을 통해 자연스레 개념을 복습하게 되고 차근차근 풀이 과정을 밟아가는 연습을 할 수 있을 것입니다. 아울러 수학에 자신 있어 하는 친구들에게도 추천합니다. 어렵지 않게 푼 문제들도 '힌트' 속 설명을 통해 수학 실력을 더욱 탄탄히 다질 수 있을 테니까요.

강상미 선생님(서울송례초등학교)

생각하는 힘과 인내심을 길러줘요.

수학은 암기과목이 아닙니다. 한 문제를 풀어내는 과정은 마치 미로 속에서 출구를 찾아내는 과정과 비슷합니다. 많은 문들을 인내심을 갖고 하나하나 열어가며 출구를 찾아냈을 때 비로소 빛을 보는 기쁨을 누릴 수 있는 것과 같습니다. 모르겠다고 처음부터 답을 봐 버리면 생각하는 힘을 얻을 수 없고, 수학 문제를 해결하는 데 반드시 필요한 인내심도 기를 수 없습니다. 이 책은 문제를 해결하기 위해 통과해야 하는 많은 문들을 하나하나 열어갈 수 있도록 적절하게 힌트를 주고 있습니다. 이 책을 통해 필요한 만큼의 힌트를 참고하여 스스로 문제를 풀어내는 기쁨을 누리며 진정한 수학 실력을 높일 수 있기를 바랍니다.

채현정 선생님(서울대명초등학교)

혼자서도 척척, 혼공 내비게이션!

흔히 수학에는 왕도가 없다고 하지요. 그만큼 쉽고 빠른 지름길이 없다는 말인데요, 힌트북이 좋은 길잡이가 될 수 있을 것 같네요. 막히면 힌트를 보고 제대로 된 맞춤길을 안내받아 문제를 척척 풀어나갈 수 있으니까요.

안소정 선생님('수학의 역사' 저자)

학습 결손을 막아주는 '찐' 혼공 학습서

왜 진작에 이런 학습서가 나오지 않았을까요? 힌트북이 선생님이 되어 스스로 풀어내도록 도와주니 수학 실력뿐 아니라 자신감까지 올려주네요! 특히 요즘처럼 비대면 수업으로 인한 학습 결손이나 학력 격차까지 막아줄 수 있는 찐 혼공 학습서입니다.

배기근 선생님(대치 파인만학원 영재원 대표강사)

언제든 꺼내 보는
나만의 과외쌤

수학을 가장 쉽고 빠르게 공부할 수 있는 교재

구구절절 설명하는 책들은 넘쳐나지만 한눈에 보여주는 책은 이 책이 유일한 것 같습니다. 개념과 방법이 한눈에 이해되다 보니 힌트북이야말로 수학을 가장 쉽고 빠르게 공부할 수 있는 교재가 아닐까 하는 생각이 듭니다. 학생들이 쉽고 재밌게 공부하기에 안성맞춤입니다!

김준 선생님(일산 에이스학원 원장)

스스로 깨닫게 하는 유능한 수학 코치!

문제 옆에 바로 붙어 있는 일반 참고서의 힌트는 아이들이 스스로 사고할 기회를 빼앗는 나쁜 친구죠. 그렇다고 힌트가 없으면 포기하기 쉽고, 또 답과 해설을 보며 공부하다 보면 끝내 혼자서는 문제를 풀어내지 못합니다. 이러한 문제의 완벽한 해결사가 힌트북입니다! 게다가 힌트북은 문제마다 중요한 개념을 친구처럼 세밀하게 알려주어서 문제의 핵심을 스스로 깨닫게 하는 가장 유능한 수학 코치입니다!

유은화 선생님(분당 공부방 원장)

언제나 필요했던 게 바로 이런 책이었어요.

학원이나 선생님 도움 없이 혼자 책을 보며 공부하길 좋아했던 내가 언제나 필요했던 게 바로 이런 책이었습니다. 개념을 쉽게 설명하는 책은 많지만, 개념을 어떻게 받아들이고 어떻게 적용하는지 알려주는 책은 많지 않죠. 힌트북은 선생님이 옆에서 가르쳐 주듯 하나하나 알려주는 든든한 교재입니다.

이승은(서울대 대학원 보건학과)

문제 읽는 방법을 배워 '진짜 실력'을 길러요.

문제를 풀다 어렵다고 해설을 바로 보면 실력이 잘 늘지 않기에 과외 수업을 할 때도 힌트를 종종 주곤 합니다. 문제 접근법을 다시 생각해보게 하는 거죠. 힌트북은 '문제를 읽는 방법'을 학생 스스로 배울 수 있게 합니다. '진짜 실력'을 기르기에 참 좋은 교재입니다.

전가원(서울대 수의예과 21학번)

힌트가 생각의 방향을 잡아줘요.

개념 이해에서 시작한 공부는 문제 해결까지 이어져야 합니다. 힌트북은 이 과정을 끝까지 하도록 유도한다는 점에서 매력적입니다. 문제 속 개념을 찾아내는 것부터, 문제 해결을 위한 생각의 방향을 잡는 것까지 스스로 할 수 있도록 돕기 때문입니다.

김연우(서울대 조경지역시스템공학부 21학번)

개념을 문제에 적용할 수 있는 힘을 길러줘요.

수학 문제를 풀 때 가장 중요한 능력은 문제를 분석하고 올바르게 개념을 적용하는 능력입니다. 힌트북은 시중 초등 참고서에 없던 '힌트북'을 통해 처음 공부하는 학생이라도 개념을 문제에 스스로 '적용할 수 있는 힘'을 길러주고 있습니다.

현승환(서울대 자유전공학부 21학번)

이해 팍팍!
자신감 뿜뿜

스스로 답까지 도착하도록 도와줘요.

귀여운 그림과 예쁜 색감을 사용하여 학생들이 좀 더 관심을 가지고 집중할 수 있을 것 같아요. 답과 풀이만 있는 다른 교재와는 달리 힌트북은 '힌트'라는 스캐폴딩을 설정하여 스스로 생각하고 고민하여 답까지 도착할 수 있도록 도와줍니다. 전체 구성이 개념 → 확인 → 쉬운 문제 → 어려운 문제순으로 단계별로 이루어져 있어 스스로 공부하기에 정말 좋습니다.

송지혁(서울대 아동학과 21학번)

매일의 목표를 이루어주는 힌트북

'성공도 습관'이라는 말이 있듯이, 하루의 작은 성공이 반복되어 습관이 될 때 결국 목표를 이루게 됩니다. 이 교재는 하루에 4쪽씩 학습량을 정해 두었는데, 힌트북이 매일의 목표를 포기하지 않고 끝까지 이룰 수 있도록 도와줍니다.

김하경(서울대 체육교육과 21학번)

수학을 고등까지 꾸준히 잘하도록 도와줘요.

수학을 고등학교 때까지 꾸준히 잘하기 위해서 가장 중요한 것은 개념을 완전히 이해하고 문제에 적절하게 적용하는 능력입니다. 책속 힌트북을 통해 학생들이 그 능력을 자연스럽게 기를 수 있고, 자신감까지 얻을 수 있을 것 같습니다.

김지우(서울대 인문계열 21학번)

힌트로 수학의 원리를 체화할 수 있어요.

진정한 이해는 혼자 공부할 때 비로소 이루어진다고 생각합니다. 이 책의 강점은 힌트를 통해 모르는 문제가 있을 때 문제의 방식을 혼자 이해하고 몸에 익힐 수 있다는 것입니다. 이 책으로 공부하면 힌트를 통해 풀이 과정을 이해하면서 수학의 원리를 체화할 수 있습니다.

조현준(서울대 생명과학부 21학번)

문제와 풀이 사이에 힌트가 있다면?

막힐 땐

힌트북

막힐 때 힌트 보며 혼자서도 척척

초등 혼공 기본서

슬기로운공부

이 책의 구성과 특징

기본 개념 학습

개념학습 > 확인문제 > 교과서문제 > 개념 따라쓰기

하루 4쪽 31일 완성

개념 따라쓰기

하루 4쪽 31일 완성

하루 4쪽 공부로 단기간에 수학의 기본기를 탄탄하게 완성할 수 있습니다.

개념 따라쓰기

눈으로 확인한 개념을 직접 손으로 따라쓰며 머릿속에 새길 수 있습니다.

스스로 풀어내는 도전 **10** 문제

기본문제 〉 응용문제 〉 독해력문제 〉 표현력문제

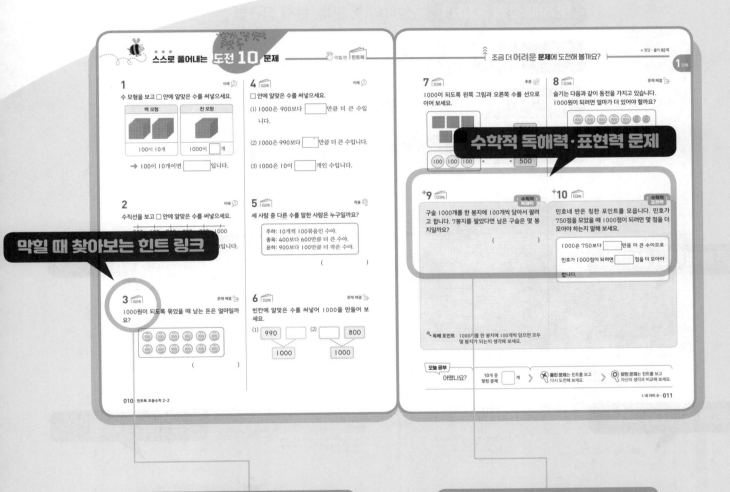

막힐 때 찾아보는 힌트 링크

수학적 독해력·표현력 문제

막힐 때 찾아보는 힌트 링크

문제 풀다 막힐 때 힌트를 바로 찾아 확인할 수 있습니다.

수학적 독해력·표현력 문제

문제의 의미를 파악하고, 풀이 과정을 수학적으로 표현하는 연습을 합니다.

이 책의 구성과 특징

막힐 때 찾아보는 힌트

힌트는?

문제해결의 실마리	생각의 첫 단추, 문제 접근법
문제 속 숨은 개념	출제 포인트, 출제 의도
수학적 아이디어	수학적 발상, 수학적 사고
상위권의 풀이법	문제 풀이 스킬, 다양한 풀이 비법

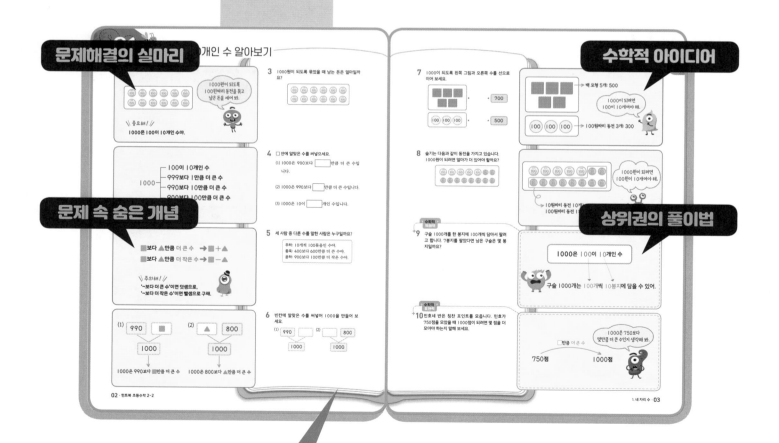

문제를 보며 힌트를 확인할 수 있습니다.

이 책의 200% 활용법

혼공할 때

언제든 꺼내 보는
나만의 과외쌤

홈스쿨할 때

힌트북의 변신!
엄마표 티칭북

선행할 때

만만하게 시작하는
혼공 기본서

수학이 어려울 때

이해 팍팍!
자신감 뿜뿜

힌트북으로 공부하면

| 개념이 쉽고 명확해집니다. | 문제를 보면 개념이 떠오릅니다. | 어려웠던 수학이 만만해집니다. |

이 책의 차례

01일 1000이 10개인 수 알아보기

❶ 1000 알아보기

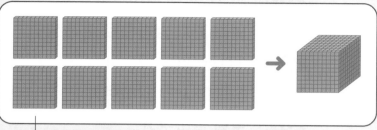

→ 백 모형 10개는 천 모형 1개와 같습니다.

- 100이 10개이면 1000입니다.
- 1000은 **천**이라고 읽습니다.

개념➕ 900보다 100만큼 더 큰 수

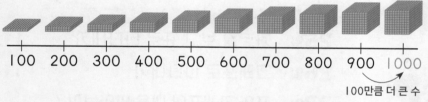

| 100 | 200 | 300 | 400 | 500 | 600 | 700 | 800 | 900 | 1000 |

100만큼 더 큰 수

1000은 900보다 100만큼 더 큰 수입니다.

◑ 1000의 크기

1000 ┬ 1이 1000개인 수
     ├ 10이 100개인 수
     ├ 100이 10개인 수
     └ 1000이 1개인 수

◑ 1000을 나타내는 여러 가지 방법

- 900보다 100만큼 더 큰 수
- 990보다 10만큼 더 큰 수
- 999보다 1만큼 더 큰 수
- 800보다 200만큼 더 큰 수

900보다 100만큼 더 큰 수는 1000이야.

확인 1 □ 안에 알맞은 수를 써넣으세요.

(1) 100원짜리 동전 10개는 1000원짜리 지폐 □장과 같습니다.

(2) 100이 10개이면 □입니다.

확인 2 10씩 뛰어 세어 보고 □ 안에 알맞은 수나 말을 써넣으세요.

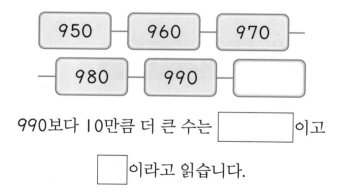

| 950 | 960 | 970 |

| 980 | 990 | □ |

990보다 10만큼 더 큰 수는 □이고 □이라고 읽습니다.

기본기 다지는 교과서 문제

1 1000만큼 색칠하세요.

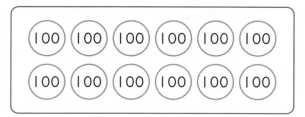

2 1000원이 되려면 얼마가 더 필요할까요?

(   )

3 □ 안에 알맞은 수를 써넣으세요.

(1)

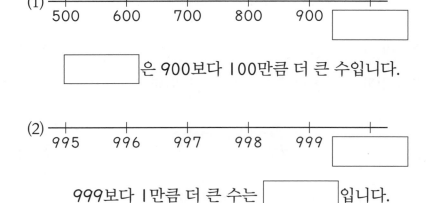

□ 은 900보다 100만큼 더 큰 수입니다.

(2)

| 995 | 996 | 997 | 998 | 999 | □ |

999보다 1만큼 더 큰 수는 □ 입니다.

개념 따라쓰기

1000 알아보기

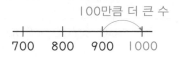

100이 10개

100이 10개이면 1000 입니다. 1000은 천이라고 읽습니다.

900보다 100만큼 더 큰 수

100만큼 더 큰 수

| 700 | 800 | 900 | 1000 |

900보다 100만큼 더 큰 수는 1000입니다.

1000을 나타내는 여러 가지 방법

· 900보다 100만큼 더 큰 수
· 990보다 10만큼 더 큰 수
· 999보다 1만큼 더 큰 수
· 800보다 200만큼 더 큰 수

1

이해

수 모형을 보고 □ 안에 알맞은 수를 써넣으세요.

백 모형	천 모형
100이 10개	1000이 □개

➡ 100이 10개이면 □ 입니다.

2

이해

수직선을 보고 □ 안에 알맞은 수를 써넣으세요.

500 600 700 800 900 1000

700보다 □ 만큼 더 큰 수는 1000입니다.

3 02쪽

문제 해결

1000원이 되도록 묶었을 때 남는 돈은 얼마일까요?

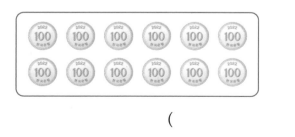

( )

4 02쪽

이해

□ 안에 알맞은 수를 써넣으세요.

(1) 1000은 900보다 □ 만큼 더 큰 수입니다.

(2) 1000은 990보다 □ 만큼 더 큰 수입니다.

(3) 1000은 10이 □ 개인 수입니다.

5 02쪽

적용

세 사람 중 다른 수를 말한 사람은 누구일까요?

> 주하: 10개씩 100묶음인 수야.
> 종욱: 400보다 600만큼 더 큰 수야.
> 윤하: 900보다 100만큼 더 작은 수야.

( )

6 02쪽

문제 해결

빈칸에 알맞은 수를 써넣어 1000을 만들어 보세요.

(1) 990 □ → 1000

(2) □ 800 → 1000

조금 더 **어려운 문제**에 도전해 볼까요?

7 추론

1000이 되도록 왼쪽 그림과 오른쪽 수를 선으로 이어 보세요.

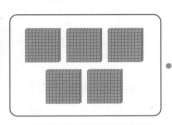

· · 700

· · 500

8 문제 해결

슬기는 다음과 같이 동전을 가지고 있습니다. 1000원이 되려면 얼마가 더 있어야 할까요?

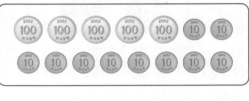

( )

+9 수학적 독해력

구슬 1000개를 한 봉지에 100개씩 담아서 팔려고 합니다. 7봉지를 팔았다면 남은 구슬은 몇 봉지일까요?

( )

🔍 **독해 포인트** 1000개를 한 봉지에 100개씩 담으면 모두 몇 봉지가 되는지 생각해 보세요.

+10 수학적 표현력

민호네 반은 칭찬 포인트를 모읍니다. 민호가 750점을 모았을 때 1000점이 되려면 몇 점을 더 모아야 하는지 말해 보세요.

1000은 750보다 [ ]만큼 더 큰 수이므로

민호가 1000점이 되려면 [ ]점을 더 모아야

합니다.

 오늘 공부

어땠나요?

10개 중 맞힌 문제 [ ]개

 틀린 문제는 힌트를 보고 다시 도전해 보세요.

 맞힌 문제는 힌트를 보고 자신의 생각과 비교해 보세요.

02일 몇천 알아보기

❶ 몇천 알아보기

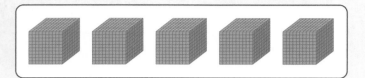

- 1000이 5개이면 **5000**입니다.
- 5000은 **오천**이라고 읽습니다.

◑ ┌ 1000이 ■개 → ■000
　└ ▲000 → 1000이 ▲개

◑ 몇천을 읽을 때 둘천, 셋천, 넷천……이라고 읽지 않습니다.

❷ 몇천 쓰고 읽기

천 모형의 수		쓰기	읽기
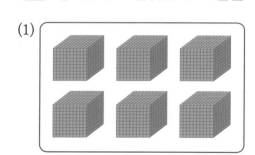	→ 1000이 2개	2000	이천
	→ 1000이 3개	3000	삼천
	→ 1000이 4개	4000	사천

1000이 ■개이면 ■000이야.

확인 1 □ 안에 알맞은 수나 말을 써넣으세요.

(1)

1000이 6개이면 [　　　]이라 쓰고 [　　　]이라고 읽습니다.

(2)

1000이 8개이면 [　　　]이라 쓰고 [　　　] 이라고 읽습니다.

기본기 다지는 교과서 문제

1 주어진 수만큼 색칠하세요.

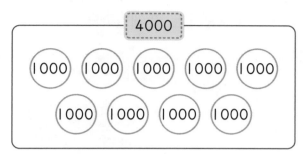

2 수를 읽어 보세요.

(1) [3000] (   )

(2) [1000이 5개인 수] (   )

3 수로 써 보세요.

(1) [오천] (   )

(2) [1000이 8개인 수] (   )

4 수 모형이 나타내는 수를 쓰고 읽어 보세요.

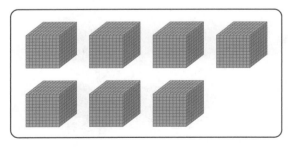

〔쓰기〕 (   )

〔읽기〕 (   )

개념 따라쓰기

몇천 알아보기

1000이 2개 → 2000
1000이 3개 → 3000
1000이 4개 → 4000
⋮
1000이 ■개 → ■000

몇천 쓰고 읽기

쓰기	읽기
2000	이천
3000	삼천
4000	사천
5000	오천
6000	육천
7000	칠천
8000	팔천
9000	구천

1

이해

수 모형을 보고 □ 안에 알맞은 수를 써넣으세요.

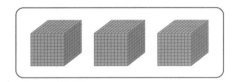

1000이 □ 개이면 □ 이라 쓰고

□ 이라고 읽습니다.

2

이해

□ 안에 알맞은 수를 써넣으세요.

(1) 1000이 7개이면 □ 입니다.

(2) 1000이 □ 개이면 3000입니다.

3 04쪽

적용

관계있는 것끼리 선으로 이어 보세요.

1000이 4개	•	•	이천
2000	•	•	8000
1000이 8개	•	•	사천

4 04쪽

적용

양초는 모두 몇 개일까요?

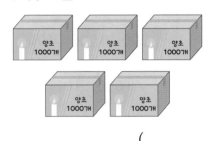

(   )

5 04쪽

문제 해결

지혜가 문구점에서 스케치북을 사고 천 원짜리 지폐 4장을 냈습니다. 지혜가 낸 돈은 얼마일까요?

(   )

6 04쪽

의사 소통

세 사람 중 다른 수를 말한 사람은 누구일까요?

(   )

7 [05쪽]

추론

㉠, ㉡에 알맞은 수가 더 큰 것의 기호를 쓰세요.

> · 6000은 1000이 ㉠개인 수입니다.
> · 1000이 ㉡개인 수는 9000입니다.

(   )

8 [05쪽]

적용

100 을 사용하여 3000을 그림으로 나타내세요.

+9 [05쪽]

수학적 독해력

로운이는 500원짜리 동전 2개와 1000원짜리 지폐 3장을 가지고 있습니다. 로운이가 가지고 있는 돈으로 1000원짜리 공책을 몇 권까지 살 수 있을까요?

(   )

🔍 **독해 포인트**   500원짜리 동전 2개는 1000원짜리 지폐 1장과 같아요.

+10 [05쪽]

수학적 표현력

색종이가 한 상자에 100장씩 들어 있습니다. 40상자에 들어 있는 색종이는 모두 몇 장인지 말해 보세요.

100이 10개이면 [   ]이므로 100이 40

개이면 [   ]입니다.

따라서 색종이는 모두 [   ]장입니다.

오늘 공부

어땠나요?   10개 중 맞힌 문제 [   ]개 >   **틀린 문제**는 힌트를 보고 다시 도전해 보세요. >   **맞힌 문제**는 힌트를 보고 자신의 생각과 비교해 보세요.

03일 네 자리 수 알아보기

① 네 자리 수 알아보기

천 모형	백 모형	십 모형	일 모형
1000이 2개	100이 3개	10이 5개	1이 4개
이천	삼백	오십	사

1000이 2개, 100이 3개, 10이 5개, 1이 4개이면 **2354**입니다.
2354는 **이천삼백오십사**라고 읽습니다.

◑ 네 자리 수 알아보기

1000이 2개 → 2000
100이 3개 → 300
10이 5개 → 50
1이 4개 → 4
_____
2354

② 네 자리 수 읽기

숫자와 자리를 차례로 읽고, 일의 자리는 숫자만 읽습니다.

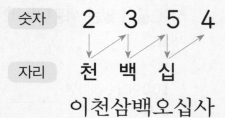

숫자 2 3 5 4
자리 천 백 십
이천삼백오십사

◑ 네 자리 수를 읽을 때 주의할 점

• 숫자가 0이면 숫자와 자리를 읽지 않습니다.
예 3057
→ 삼천영백오십칠 (✕)
삼천오십칠 (○)

• 숫자가 1이면 숫자는 읽지 않고 자리만 읽습니다.
예 1649
→ 일천육백사십구 (✕)
천육백사십구 (○)

확인 1 수 모형을 보고 □ 안에 알맞은 수나 말을 써넣으세요.

천 모형	백 모형	십 모형	일 모형
1000이 ☐개	100이 ☐개	10이 ☐개	1이 ☐개

수 모형을 수로 쓰면 [   ]이라 쓰고 [   ]이라고 읽습니다.

기본기 다지는 교과서 문제

1 수 모형이 나타내는 수를 쓰고 읽어 보세요.

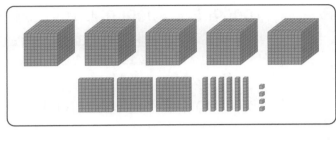

〔쓰기〕 ( )

〔읽기〕 ( )

2 그림이 나타내는 수를 쓰고 읽어 보세요.

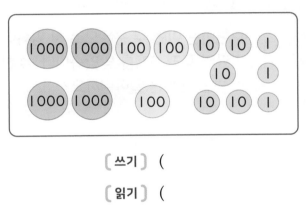

〔쓰기〕 ( )

〔읽기〕 ( )

3 빈칸에 알맞은 말이나 수를 써넣으세요.

(1) | 3546 | |

(2) | | 이천팔백칠십구 |

(3) | 4070 | |

(4) | | 칠천백삼 |

✏ 개념 따라쓰기

{ 네 자리 수 알아보기 }

1000이 ■개 → ■ 0 0 0
100이 ▲개 → ▲ 0 0
10이 ●개 → ● 0
1이 ◆개 → ◆
───────────
■▲●◆

🖉 1000이 ■개, 100이 ▲개,
10이 ●개, 10이 ◆개이면
■▲●◆입니다.

{ 네 자리 수 읽기 }

2	5	2	9
천	백	십	일
↓	↓	↓	
이천	오백	이십	구

🖉 숫자와 자리를 차례로 읽고
일의 자리는 숫자만 읽습
니다.

{ 네 자리 수를 읽을 때 주의점 }

2107 → 이천백칠
1은 자리만 읽어. ┘ └ 0은 읽지 않아.

🖉 ① 숫자가 0이면 숫자와 자리를
읽지 않습니다.
② 숫자가 1이면 숫자는 읽지
않고 자리만 읽습니다.

1

이해

수 모형을 보고 □ 안에 알맞은 수를 써넣으세요.

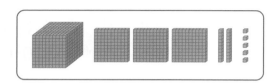

1000이 1개, 100이 □개, 10이 □개,

1이 □개이면 □ 입니다.

2

06쪽

이해

□ 안에 알맞은 수를 써넣으세요.

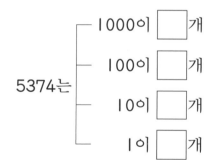

5374는
— 1000이 □개
— 100이 □개
— 10이 □개
— 1이 □개

3

적용

이천사백구를 수로 바르게 나타낸 사람은 누구일까요?

서준 2490

주하 2409

( )

4

06쪽

적용

1000이 5개, 100이 0개, 10이 3개, 1이 7개인 수를 바르게 나타낸 것의 기호를 쓰세요.

> ㉠ 오천삼백칠이라고 읽습니다.
> ㉡ 수로 쓰면 5037입니다.

( )

5

06쪽

문제 해결

수현이는 이번 주 용돈으로 천 원짜리 지폐 3장, 백 원짜리 동전 5개를 받았습니다. 수현이가 이번 주에 받은 용돈은 얼마일까요?

( )

6

06쪽

적용

면봉이 1000개짜리 3상자, 100개짜리 1상자, 10개짜리 4봉지가 있습니다. 면봉의 수를 쓰고 읽어 보세요.

〔쓰기〕 ( )

〔읽기〕 ( )

7 07쪽　　　　　　　적용

가로에 이천십, 세로에 천백일을 수로 나타내어 퍼즐을 완성하세요.

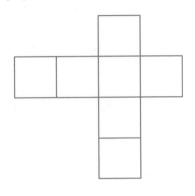

8 07쪽　　　　　　　추론

수 모형을 사용하여 2543을 다음과 같이 나타냈을 때 백 모형은 몇 개가 필요할까요?

천 모형	백 모형	십 모형	일 모형
		ⅣⅣⅣ	⫶

(　　　　　　　　)

+9 07쪽　　　　　　　수학적 독해력

다음에서 설명하는 네 자리 수를 구하세요.

- 백의 자리 숫자는 7입니다.
- 천의 자리 숫자는 백의 자리 숫자보다 1 큽니다.
- 각 자리의 숫자의 합은 15입니다.

(　　　　　　　　)

🔍 **독해 포인트**　구하는 수를 □□□□로 하고 각 자리에 맞는 숫자를 생각해 보세요.

+10 07쪽　　　　　　　수학적 표현력

서준이는 5600원짜리 학용품을 사려고 합니다. 지금까지 모은 돈이 1000원짜리 지폐 4장, 100원짜리 동전 3개라면 서준이가 더 모아야 하는 금액은 얼마인지 설명해 보세요.

5600은 1000이 ☐ 개, 100이 ☐ 개인 수이

므로 1000원짜리 지폐 1장, 100원짜리 동전 ☐

개를 더 모아야 합니다.

따라서 서준이가 더 모아야 하는 금액은 ☐ 원

입니다.

오늘 공부 어땠나요?　　10개 중 맞힌 문제 ☐ 개　>　 **틀린 문제**는 힌트를 보고 다시 도전해 보세요.　>　 **맞힌 문제**는 힌트를 보고 자신의 생각과 비교해 보세요.

04일 각 자리의 숫자가 나타내는 값

❶ 각 자리의 숫자가 나타내는 값

천의 자리	백의 자리	십의 자리	일의 자리
5	4	5	2

↓

천의 자리	백의 자리	십의 자리	일의 자리
5	0	0	0
	4	0	0
		5	0
			2

5는 천의 자리 숫자이고, 5000을 나타냅니다.
4는 백의 자리 숫자이고, 400을 나타냅니다.
5는 십의 자리 숫자이고, 50을 나타냅니다.
2는 일의 자리 숫자이고, 2를 나타냅니다.

$$5452 = 5000 + 400 + 50 + 2$$

◖ **자릿값 알아보기**
자릿값은 오른쪽부터 왼쪽으로 한 자리씩 옮겨 가며 차례로 일, 십, 백, 천이 됩니다.

◖ **같은 숫자라도 자리에 따라 나타내는 값이 다릅니다.**
㉾ 5452
└ 십의 자리: 50
└ 천의 자리: 5000

◖ **자릿값의 합으로 나타내기**
수는 각 자리의 숫자가 나타내는 값의 합으로 나타낼 수 있습니다.
㉾ 5452
$= 5000 + 400 + 50 + 2$

확인 ❶ □ 안에 알맞은 수나 말을 써넣으세요.

2759

(1) 2는 □ 의 자리 숫자이고, □ 을 나타냅니다.

(2) 7은 □ 의 자리 숫자이고, □ 을 나타냅니다.

(3) 5는 □ 의 자리 숫자이고, □ 을 나타냅니다.

(4) 9는 □ 의 자리 숫자이고, □ 를 나타냅니다.

확인 ❷ 각 자리의 숫자가 얼마를 나타내는지 써넣으세요.

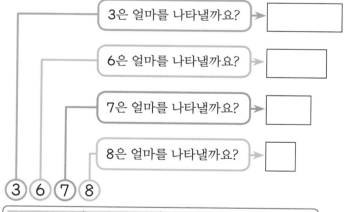

3은 얼마를 나타낼까요? → □

6은 얼마를 나타낼까요? → □

7은 얼마를 나타낼까요? → □

8은 얼마를 나타낼까요? → □

③ ⑥ ⑦ ⑧

천의 자리	백의 자리	십의 자리	일의 자리
3	6	7	8

기본기 다지는 교과서 문제

1 □ 안에 알맞은 수를 써넣으세요.

4628

1000이 ☐ 개	100이 ☐ 개	10이 ☐ 개	1이 ☐ 개
4000		20	

개념 따라쓰기

자릿값 알아보기

2	1	5	9
천	백	십	일

✏ 자릿값은 오른쪽부터 왼쪽으로 한 자리씩 옮겨 가며 차례로 일, 십, 백, 천이 됩니다.

2 3257만큼 색칠해 보고 각 자리의 숫자가 나타내는 값의 합으로 나타내어 보세요.

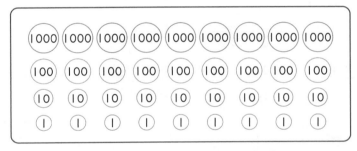

3257 = ☐ + ☐ + ☐ + ☐

자릿값의 합으로 나타내기

■▲●◆
=■000+▲00+●0+◆

✏ 수는 각 자리의 숫자가 나타내는 값의 합으로 나타낼 수 있습니다.

3 밑줄 친 숫자는 어떤 자리이고, 얼마를 나타내는지 쓰세요.

(1) 5<u>7</u>49 → ( )의 자리, ( )

(2) <u>7</u>356 → ( )의 자리, ( )

(3) 857<u>1</u> → ( )의 자리, ( )

각 자리의 숫자가 나타내는 값

3	3	3	3
천	백	십	일
↓	↓	↓	↓
3000	300	30	3

✏ 같은 숫자라도 자리에 따라 나타내는 값이 다릅니다.

1
이해

□ 안에 알맞은 수를 써넣으세요.

5238

1000이 □개	100이 □개	10이 □개	1이 □개
5000		30	

5238 = 5000 + □ + □ + □

2 08쪽
이해

숫자 5가 50을 나타내는 수를 찾아 기호를 쓰세요.

㉠ 5742   ㉡ 6354   ㉢ 8549

(   )

3
적용

〈보기〉와 같이 숫자 4는 얼마를 나타내는지 쓰세요.

〈보기〉
1643 → 40

(1) 9405 → (   )

(2) 4752 → (   )

4 08쪽
적용

수를 각 자리의 숫자가 나타내는 값의 합으로 나타내어 보세요.

(1) 6319

= 6000 + □ + □ + □

(2) 7204

= □ + □ + □ + □

5 08쪽
이해

숫자 9가 나타내는 값이 가장 큰 수에 ○표, 가장 작은 수에 △표 하세요.

2985   3169   9807   3294

6 08쪽
적용

숫자 7이 나타내는 값이 다른 하나를 가지고 있는 사람은 누구일까요?

지혜	영민	서연
5718	7529	3705

(   )

7 [09쪽]

추론

슬기가 설명하는 수의 천의 자리 숫자를 구하세요.

1000이 3개, 100이 11개, 10이 6개, 1이 5개인 수야.

슬기

(   )

8 [09쪽]

문제 해결

수 카드 4장을 한 번씩만 사용하여 네 자리 수를 만들려고 합니다. 천의 자리 숫자가 3, 백의 자리 숫자가 5인 네 자리 수를 모두 만들어 보세요.

(   )

+9 [09쪽]

수학적 독해력

다음에서 설명하는 네 자리 수를 구하세요.

- 2000보다 크고 3000보다 작습니다.
- 백의 자리 숫자는 5입니다.
- 십의 자리 숫자가 나타내는 값은 30입니다.
- 일의 자리 숫자는 8입니다.

(   )

🔍 **독해 포인트**   2000보다 크고 3000보다 작은 수는 2□□□입니다.

+10 [09쪽]

수학적 표현력

㉠이 나타내는 값과 ㉡이 나타내는 값의 <u>다른 점</u>을 설명하세요.

3 6̱ 4̱ 6
㉠ ㉡

㉠은 [   ]의 자리 숫자이므로 [   ]을 나타냅니다. ㉡은 [   ]의 자리 숫자이므로 [   ]을 나타냅니다.

05일 뛰어 세기

① 뛰어 세기

- **1000씩 뛰어 세기: 천**의 자리 수가 1씩 커집니다.

| 1000 – 2000 – 3000 – 4000 – 5000 – 6000 |

- **100씩 뛰어 세기: 백**의 자리 수가 1씩 커집니다.

| 3100 – 3200 – 3300 – 3400 – 3500 – 3600 |

- **10씩 뛰어 세기: 십**의 자리 수가 1씩 커집니다.

| 5810 – 5820 – 5830 – 5840 – 5850 – 5860 |

- **1씩 뛰어 세기: 일**의 자리 수가 1씩 커집니다.

| 9994 – 9995 – 9996 – 9997 – 9998 – 9999 |

개념 + **몇씩 뛰어 세었는지 알아보기**

| 4125 – 4135 – 4145 – 4155 – 4165 – 4175 |

➡ 십의 자리 수가 1씩 커지므로 10씩 뛰어 센 것입니다.

◑ ●씩 뛰어 세면 ●씩 커집니다.

◑ 100씩 뛰어 셀 때 백의 자리 숫자가 9이면 다음 수는 백의 자리 숫자가 0이 되고 천의 자리 수가 1 커집니다.

| 4800 – 4900 – 5000 – 5100 |

■의 자리 수가 1씩 커지면 ■씩 뛰어 센 거야.

확인 1 빈칸에 알맞은 수를 써넣으세요.

(1) 1000씩 뛰어 세기 ➡ | 3200 – 4200 – 5200 – ☐ – 7200 – ☐ |

(2) 100씩 뛰어 세기 ➡ | 5290 – 5390 – ☐ – 5590 – ☐ – 5790 |

(3) 10씩 뛰어 세기 ➡ | 2837 – 2847 – ☐ – ☐ – 2877 – ☐ |

» 정답 · 풀이 06쪽

기본기 다지는 교과서  문제

1 1000씩 뛰어 세어 보세요.

| 2326 | 3326 | | 5326 | | |

개념 따라쓰기

뛰어 세기

1000씩 → 1230 - 2230 - 3230

100씩 → 1230 - 1330 - 1430

10씩 → 1230 - 1240 - 1250

🖋 ●씨 뛰어 세면 ●씨 커집
니다.

2 10씩 뛰어 세어 보세요.

| 6254 | 6264 | 6274 | | | |

3 뛰어 센 것을 보고 알맞은 것에 ○표 하세요.

| 3075 | 3175 | 3275 | 3375 | 3475 | 3575 |

(천 , 백 , 십 , 일)의 자리 수가 1씩 커졌으므로
(1000 , 100 , 10 , 1)씩 뛰어 세었습니다.

몇씩 뛰어 세었는지 알아보기

2350 - 2360 - 2370

십의 자리 수

🖋 ■의 자리 수가 1씩 커지면
■씩 뛰어 센 것입니다.

4 6429부터 10씩 커지는 수들을 선으로 이어 보세요.

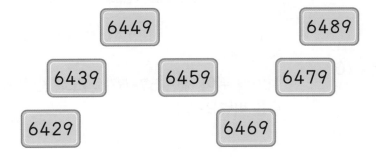

6449   6489

6439   6459   6479

6429   6469

스스로 풀어내는 도전 **10** 문제

막힐 땐 힌트북

1 10쪽　　　　　　　　　　이해

몇씩 뛰어 세었는지 □ 안에 알맞은 수를 써넣으세요.

→ [　　　] 씩 뛰어 세었습니다.

2 10쪽　　　　　　　　　　이해

뛰어 세는 규칙을 찾아 빈칸에 알맞은 수를 써넣으세요.

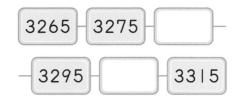

3　　　　　　　　　　　적용

4670부터 100씩 커지는 수 카드입니다. 빈칸에 알맞은 수를 써넣으세요.

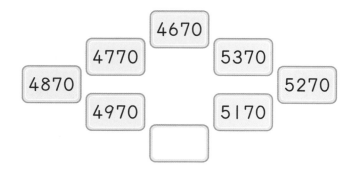

4　　　　　　　　　　　적용

수 배열표를 보고 물음에 답하세요.

2150	2160	2170	2180	▲
3150	3160	3170	3180	3190
4150	4160	4170	4180	4190
5150	5160	5170	★	5190
6150	6160	6170	6180	6190

(1) ⬇, ➡ 는 각각 얼마씩 뛰어 센 것인지 구하세요.

⬇ (　　　　　　　)

➡ (　　　　　　　)

(2) ▲, ★에 들어갈 수는 각각 얼마일까요?

▲ (　　　　　　　)

★ (　　　　　　　)

5 10쪽　　　　　　　　　　적용

1000씩 거꾸로 뛰어 세어 보세요.

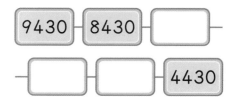

6 10쪽　　　　　　　　　　적용

100씩 뛰어 세어 5785가 되도록 빈칸에 알맞은 수를 써넣으세요.

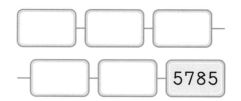

조금 더 **어려운 문제**에 도전해 볼까요?

7 11쪽　　　　　　　　　문제 해결

다음이 나타내는 수에서 100씩 3번 뛰어 센 수를 구하세요.

> 1000이 5개, 100이 6개, 10이 2개인 수

(　　　　　　　　)

8 11쪽　　　　　　　　　의사 소통

로운이가 말한 어떤 수를 구하세요.

> 어떤 수부터 1000씩 2번 뛰어 세면 6715가 돼.

로운

(　　　　　　　　)

⁺9 11쪽　　　　　　　**수학적 독해력**

서연이의 통장에는 7월 현재 3340원이 있습니다. 8월부터 한 달에 1000원씩 계속 저금한다면 11월에 저금한 후 통장에 들어 있는 돈은 얼마가 될까요?

(　　　　　　　　)

🔍 **독해 포인트** 8월부터 11월까지 1000원씩 4번 통장에 돈이 늘어나요.

⁺10 11쪽　　　　　　　**수학적 표현력**

4856부터 수를 일정하게 거꾸로 뛰어 세었습니다. ♥에 알맞은 수는 얼마인지 말해 보세요.

| 4856 | 4846 | 4836 | 　 | ♥ |

> 4856부터 [　]의 자리 수가 [　]씩 작아지므로
>
> [　]씩 거꾸로 뛰어 세었습니다.
>
> 4856 — 4846 — 4836 — [　] — [　]
>
> 이므로 ♥에 알맞은 수는 [　]입니다.

오늘 공부

어땠나요? 　　10개 중 맞힌 문제 [　]개 　＞　 ✗ **틀린 문제**는 힌트를 보고 다시 도전해 보세요. 　＞　 🔍 **맞힌 문제**는 힌트를 보고 자신의 생각과 비교해 보세요.

네 자리 수의 크기 비교하기

❶ 네 자리 수의 크기 비교

네 자리 수는 천의 자리 수, 백의 자리 수, 십의 자리 수, 일의 자리 수 끼리 차례로 비교합니다.

$$2345 < 3167$$
2<3

$$2345 < 2519$$
3<5

$$2345 > 2318$$
4>1

$$2345 > 2342$$
5>2

◑ 네 자리 수의 크기 비교 순서

천의 자리 수부터 비교
↓ 천의 자리 수가 같으면
백의 자리 수 비교
↓ 천, 백의 자리 수가 같으면
십의 자리 수 비교
↓ 천, 백, 십의 자리 수가 같으면
일의 자리 수 비교

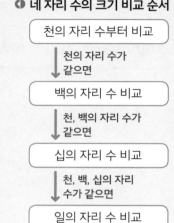

높은 자리일수록 큰 수를 나타내므로 높은 자리 수부터 비교해.

개념 ➕ 수직선으로 수의 크기 비교하기

수직선에서 오른쪽에 있는 수일수록 큰 수입니다.

5732   5755

5720   5730   5740   5750   5760

➡ 5732 < 5755

확인 ❶ 수 모형을 보고 두 수의 크기를 비교하여 ○ 안에 > 또는 <를 알맞게 써넣으세요.

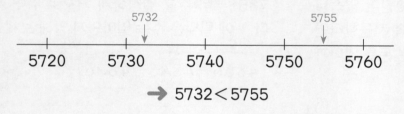

	천 모형	백 모형	십 모형	일 모형
1246				
2153				

1246 ◯ 2153

기본기 다지는 교과서 문제

1

빈칸에 알맞은 수를 써넣고, 두 수의 크기를 비교하여 ◯ 안에 > 또는 <를 알맞게 써넣으세요.

	천의 자리	백의 자리	십의 자리	일의 자리
3120 →	3	1	2	0
3457 →	3			

3120 ◯ 3457
1 ◯ 4

2

두 수의 크기를 비교하여 ◯ 안에 > 또는 <를 알맞게 써넣으세요.

(1) 5149 ◯ 5436

(2) 3824 ◯ 3807

3

빈칸에 알맞은 수를 써넣고, 가장 큰 수와 가장 작은 수를 찾아 쓰세요.

	천의 자리	백의 자리	십의 자리	일의 자리
6517 →	6	5		
5043 →	5			
6328 →				

가장 큰 수 ( )
가장 작은 수 ( )

1

이해 💭

수 모형을 보고 □ 안에 알맞은 수를 써넣으세요.

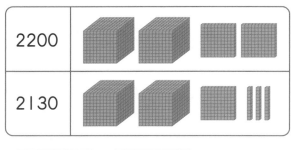

| 2200 | |
| 2130 | |

☐ 은 ☐ 보다 큽니다.

2 📖12쪽

이해 💭

두 수의 크기를 비교하여 ◯ 안에 > 또는 < 를 알맞게 써넣으세요.

(1) 2081 ◯ 3743

(2) 6174 ◯ 6948

(3) 5367 ◯ 5329

3 📖12쪽

적용 📡

수직선을 보고 ◯ 안에 > 또는 < 를 알맞게 써넣으세요.

4209 ─ 4213

4209 ◯ 4213

4

적용 📡

왼쪽 수보다 더 작은 수에 ◯표 하세요.

7028   7529   7034   7009

5 📖12쪽

적용 📡

도서관과 학교 중 집에서 더 먼 곳은 어디일까요?

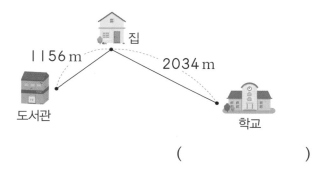

( )

6 📖12쪽

적용 📡

가장 작은 수를 가지고 있는 사람은 누구일까요?

| 지혜 | 영민 | 서연 |
| 6718 | 8529 | 6705 |

( )

7 13쪽
창의 융합

수 카드 4장을 한 번씩만 사용하여 가장 큰 네 자리 수와 가장 작은 네 자리 수를 만들어 보세요.

가장 큰 네 자리 수 (   )

가장 작은 네 자리 수 (   )

8 13쪽
문제 해결

네 자리 수의 크기를 비교했습니다. 1부터 9까지의 수 중에서 □ 안에 들어갈 수 있는 수를 모두 쓰세요.

6258 < □609

(   )

+9 13쪽
수학적 독해력

윤하와 민호가 박물관에서 입장 번호표를 받고 기다리고 있습니다. 번호 순서대로 입장한다고 할 때 더 오래 기다려야 하는 사람은 누구일까요?

윤하: 1342번   민호: 1086번

(   )

🔍 **독해 포인트** 번호가 클수록 오래 기다려야 해요.

+10 13쪽
수학적 표현력

더 큰 수를 말한 사람은 누구인지 말해 보세요.

육천사백이십구 — 슬기

1000이 6개, 100이 3개, 10이 8개, 1이 7개인 수. — 서준

슬기가 말한 수를 수로 나타내면 [   ] 이고, 서준이가 말한 수를 수로 나타내면 [   ] 입니다.

두 수는 천의 자리 수가 같으므로 [   ] 의 자리 수를 비교하면 [   ] 가 말한 수가 더 큽니다.

오늘 공부

어땠나요?   10개 중 맞힌 문제 [   ] 개   ❌ **틀린 문제**는 힌트를 보고 다시 도전해 보세요.   **맞힌 문제**는 힌트를 보고 자신의 생각과 비교해 보세요.

01 □ 안에 알맞은 수를 써넣으세요.

(1) 1000은 800보다 [   ] 만큼 더 큰 수입니다.

(2) 1000은 10이 [   ] 개인 수입니다.

02 1000이 되도록 선으로 이어 보세요.

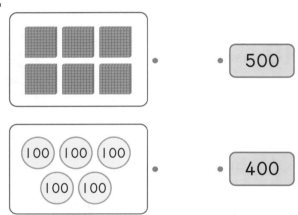

· 500

· 400

03 세 사람 중 다른 수를 말한 사람은 누구일까요?

서준: 천 모형이 4개 있어.
민호: 백 모형이 40개 있어.
주하: 백 모형이 4개 있어.

(   )

04 연필이 한 상자에 100자루씩 들어 있습니다. 30상자에 들어 있는 연필은 모두 몇 자루일까요?

(   )

05 다음이 나타내는 네 자리 수를 구하세요.

1000이 4개, 100이 14개,
10이 2개, 1이 6개인 수

(   )

06 숫자 8이 나타내는 값이 가장 큰 수에 ○표, 가장 작은 수에 △표 하세요.

| 4568 | 2891 | 5781 |

07 빈칸에 알맞은 수를 써넣으세요.

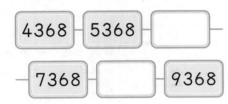

08 수 카드 4장을 한 번씩만 사용하여 가장 큰 네 자리 수와 가장 작은 네 자리 수를 만들어 보세요.

8 2 5 3

가장 큰 네 자리 수 (   )

가장 작은 네 자리 수 (   )

09 □ 안에 들어갈 수 있는 수를 모두 찾아 ○표 하세요.

3426＞342□

| 1 | 2 | 3 | 4 | 5 | 6 | 7 | 8 | 9 |

서술형

10 다음이 나타내는 수에서 1000씩 4번 뛰어 센 수는 얼마인지 풀이 과정을 쓰고, 답을 구하세요.

1000이 3개, 100이 5개,
10이 2개, 1이 7개인 수

〔풀이〕

〔답〕

07 일 2의 단 곱셈구구

❶ 구슬의 수 알아보기

●● 2씩 1묶음 2	2씩 ¹묶음 $2 \times 1 = 2$
●● ●● 2씩 2묶음 2 + 2	2씩 ²묶음 $2 \times 2 = 4$
●● ●● ●● 2씩 3묶음 2 + 2 + 2	2씩 ³묶음 $2 \times 3 = 6$

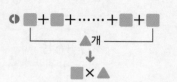

◑ ■+■+……+■+■
←―▲개―→
↓
■×▲

◑ 2×5의 크기 알아보기

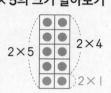

2×5 　 2×4
2×1

→ 2×5는 2×4보다 2만
큼 더 큽니다. ²ˣ¹

❷ 2의 단 곱셈구구 알아보기

2	$2 \times 1 = 2$
2+2	$2 \times 2 = 4$
2+2+2	$2 \times 3 = 6$
2+2+2+2	$2 \times 4 = 8$
2+2+2+2+2	$2 \times 5 = 10$
2+2+2+2+2+2	$2 \times 6 = 12$
2+2+2+2+2+2+2	$2 \times 7 = 14$
2+2+2+2+2+2+2+2	$2 \times 8 = 16$
2+2+2+2+2+2+2+2+2	$2 \times 9 = 18$

+2 +2 +2 +2 +2 +2 +2 +2

2의 단 곱셈구구는
2씩 뛰어 센 것과 같아.

→ 2의 단 곱셈구구에서 곱하는 수가 ¹씩 커지면 곱은 2씩 커집니다.

확인 1 자전거 한 대의 바퀴는 2개입니다. 그림을 보고 □ 안에 알맞은 수를 써넣으세요.

(1) 자전거 3대의 바퀴는 모두 몇 개입니까?　 $2 \times 3 = $ ☐ (개)

(2) 자전거 4대의 바퀴는 모두 몇 개입니까?　 $2 \times 4 = $ ☐ (개)

(3) 2×4는 2×3보다 ☐ 만큼 더 큽니다.

기본기 다지는 교과서 문제

1 그림을 보고 □ 안에 알맞은 수를 써넣으세요.

$2+2+2+2+2=$ ☐

$2×5=$ ☐

개념 따라쓰기

덧셈식을 곱셈식으로 나타내기

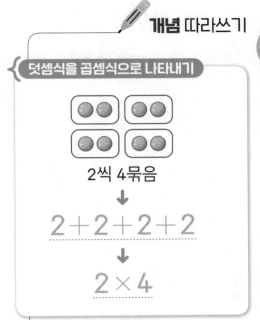

2씩 4묶음

↓

$2+2+2+2$

↓

$2×4$

2 젓가락의 수를 보고 □ 안에 알맞은 수를 써넣으세요.

∥ ∥ ∥ ∥	$2×4=$ ☐
∥ ∥ ∥ ∥ ∥	$2×$ ☐ $=10$
∥ ∥ ∥ ∥ ∥ ∥	$2×6=$ ☐

2의 단 곱셈구구

$2×1=2$ ⎫ +2
$2×2=4$ ⎬ +2
$2×3=6$ ⎭

✎ 곱하는 수가 1씩 커지면 곱은
2씩 커집니다.

3 $2×6=12$입니다. $2×8$은 12보다 얼마나 더 큰지 ○를 그려
서 나타내어 보세요.

$2×6$

$2×8$

➡ $2×8$은 $2×6$보다 ☐ 만큼 더 큽니다.

1

이해 ⟨!⟩

그림을 보고 □ 안에 알맞은 수를 써넣으세요.

$2+2+2+2=\boxed{}$

$2\times4=\boxed{}$

2 14쪽

이해 ⟨!⟩

별이 모두 몇 개인지 곱셈식으로 나타내세요.

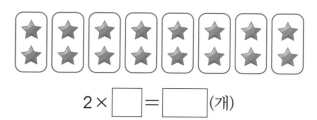

$2\times\boxed{}=\boxed{}$ (개)

3

계산 ÷

2의 단 곱셈구구의 값을 찾아 선으로 이어 보세요.

2×5	•	•	12
2×8	•	•	16
2×6	•	•	10

4 14쪽

적용

□ 안에 알맞은 수를 써넣으세요.

$2\times5=\boxed{}$

$2\times8=\boxed{}$

→ 2×8은 2×5보다 $\boxed{}$ 만큼 더 큽니다.

5 14쪽

적용

□ 안에 알맞은 수를 써넣으세요.

$2\times7=\boxed{}$

$2\times8=\boxed{}$ ⟩ +2

$2\times9=\boxed{}$ ⟩ +$\boxed{}$

6 14쪽

의사 소통

2×4를 두 가지 방법으로 계산하려고 합니다. □ 안에 알맞은 수를 써넣으세요.

방법 1 2를 $\boxed{}$ 번 더하면

$2\times4=\boxed{}+\boxed{}+\boxed{}+\boxed{}$

$=\boxed{}$

방법 2 2×3에 $\boxed{}$ 를 더하면

$2\times3=6$

$2\times4=\boxed{}$ ⟩ +$\boxed{}$

2단원

7 15쪽

문제 해결

비둘기 한 마리의 다리는 2개입니다. 비둘기 6마리의 다리는 모두 몇 개일까요?

(   )

8 15쪽

추론

㉠과 ㉡에 알맞은 수를 각각 구하세요.

- 2 × ㉠ = 14
- 2 × ㉡ = 18

㉠ (   )
㉡ (   )

+9 15쪽

수학적 독해력

빵이 한 봉지에 오른쪽과 같이 들어 있습니다. 7봉지에 들어 있는 빵은 모두 몇 개일까요?

(   )

🔍 **독해 포인트**   빵 한 봉지는 2씩 1묶음과 같습니다.

+10 15쪽

수학적 표현력

$2 \times 6 = 12$입니다. 2×9는 12보다 얼마나 더 큰지 설명해 보세요.

2×9는 2×6보다 2개씩 ☐ 묶음이 더 많습니다. 따라서 2×9는 12보다 $2 \times$ ☐ $=$ ☐ 만큼 더 큽니다.

오늘 공부

어땠나요?

10개 중 맞힌 문제 ☐ 개

> **틀린 문제**는 힌트를 보고 다시 도전해 보세요.

> **맞힌 문제**는 힌트를 보고 자신의 생각과 비교해 보세요.

08일 5의 단 곱셈구구

① 구슬의 수 알아보기

 5씩 1묶음　　$\overset{5씩}{5} \times \overset{1묶음}{1} = 5$

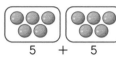 5씩 2묶음　　$\overset{5씩}{5} \times \overset{2묶음}{2} = 10$

5씩 3묶음　　$\overset{5씩}{5} \times \overset{3묶음}{3} = 15$

$5 \times \blacksquare$는 5씩 $\blacksquare$묶음이야.

② 5의 단 곱셈구구 알아보기

5	$5 \times 1 = 5$
5+5	$5 \times 2 = 10$
5+5+5	$5 \times 3 = 15$
5+5+5+5	$5 \times 4 = 20$
5+5+5+5+5	$5 \times 5 = 25$
5+5+5+5+5+5	$5 \times 6 = 30$
5+5+5+5+5+5+5	$5 \times 7 = 35$
5+5+5+5+5+5+5+5	$5 \times 8 = 40$
5+5+5+5+5+5+5+5+5	$5 \times 9 = 45$

각 행 사이 +5

→ 5의 단 곱셈구구에서 곱하는 수가 1씩 커지면 곱은 5씩 커집니다.

◑ 5×6의 크기 알아보기

5×6　　5×4　　5×2

→ 5×6은 5×4보다 10만큼 더 큽니다.
5×2

◑ 5의 단 곱셈구구의 특징
곱의 일의 자리 숫자가 0 또는 5입니다.

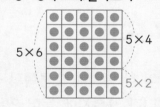

확인 1 꽃 한 송이에 꽃잎이 5장씩 있습니다. 그림을 보고 □ 안에 알맞은 수를 써넣으세요.

(1) 꽃 3송이의 꽃잎은 모두 몇 장입니까?　　$5 \times 3 = $ ☐ (장)

(2) 꽃 4송이의 꽃잎은 모두 몇 장입니까?　　$5 \times 4 = $ ☐ (장)

(3) 5×4는 5×3보다 ☐ 만큼 더 큽니다.

기본기 다지는 교과서 문제

1 그림을 보고 □ 안에 알맞은 수를 써넣으세요.

$$5+5+5+5+5=\boxed{}$$

$$5\times5=\boxed{}$$

2 구슬의 수를 보고 □ 안에 알맞은 수를 써넣으세요.

✦✦✦✦✦✦	$5\times6=\boxed{}$
✦✦✦✦✦✦✦	$5\times\boxed{}=35$
✦✦✦✦✦✦✦✦	$5\times8=\boxed{}$

3 $5\times5=25$입니다. 5×7은 25보다 얼마나 더 큰지 ○를 그려서 나타내어 보세요.

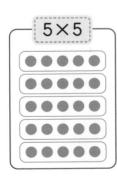

5×5

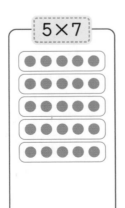

5×7

➔ 5×7은 5×5보다 $\boxed{}$ 만큼 더 큽니다.

✏️ **개념** 따라쓰기

2 단원

5의 단 곱셈구구

$$5\times1=5$$
$$5\times2=10 \quad \Big\}+5$$
$$5\times3=15 \quad \Big\}+5$$

🖋️ 곱하는 수가 1씩 커지면 곱은
5씩 커집니다.

5의 단 곱셈구구의 특징

$$5\times1=5$$
$$5\times2=10$$
$$5\times3=15$$
$$5\times4=20$$

🖋️ 곱의 일의 자리 숫자가
0 또는 **5**입니다.

1 16쪽

이해

그림을 보고 □ 안에 알맞은 수를 써넣으세요.

$5+5+5=$ ☐

$5\times3=$ ☐

2 16쪽

이해

그림을 보고 □ 안에 알맞은 수를 써넣으세요.

```
0    5    10   15   20
```

$5\times$ ☐ $=$ ☐

3

계산

빈칸에 알맞은 수를 써넣으세요.

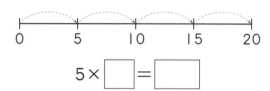

```
×7
5 →
```

4 16쪽

의사 소통

□ 안에 알맞은 수를 써넣으세요.

5×7보다 5만큼 더 큰 수
→ ☐

5

계산

곱의 크기를 비교하여 ○ 안에 >, =, <를 알맞게 써넣으세요.

5×9 ○ 5×8

6 16쪽

적용

5의 단 곱셈구구의 곱을 모두 찾아 ○표 하세요.

1	2	3	4	5	6	7	8	9
10	11	12	13	14	15	16	17	18
19	20	21	22	23	24	25	26	27
28	29	30	31	32	33	34	35	36

» 정답·풀이 **09**쪽

조금 더 **어려운 문제**에 도전해 볼까요?

2 _{단원}

7   창의 융합

나무토막 한 개의 길이는 5 cm입니다. 나무토막 5개의 길이는 몇 cm일까요?

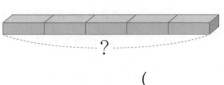

5 cm

?

(   )

8 [17쪽] 추론

㉠과 ㉡의 합은 얼마일까요?

- $5 \times 3 = ㉠$
- $5 \times ㉡ = 30$

(   )

+9 [17쪽] 수학적 독해력

Ⅰ부터 9까지의 수 중에서 □ 안에 들어갈 수 있는 수를 모두 구하세요.

$$5 \times \square < 17$$

(   )

🔍 **독해 포인트** 5와 곱했을 때 17과 가장 가까운 수를 먼저 생각해 봅니다.

+10 [17쪽] 수학적 표현력

5×4를 계산하는 방법을 두 가지로 설명해 보세요.

방법 1 5씩 □ 번 더하면

$5 \times 4 = \boxed{} + \boxed{} + \boxed{} + \boxed{} = \boxed{}$

방법 2 5×3에 □ 를 더하면

$5 \times 3 = 15$

$5 \times 4 = \boxed{}$ $+ \boxed{}$

오늘 공부

어땠나요?

10개 중 맞힌 문제 □ 개 > **틀린 문제**는 힌트를 보고 다시 도전해 보세요. > **맞힌 문제**는 힌트를 보고 자신의 생각과 비교해 보세요.

09일 3의 단과 6의 단 곱셈구구

① 3의 단 곱셈구구 알아보기

3	3×1=3
3+3	3×2=6
3+3+3	3×3=9
3+3+3+3	3×4=12
3+3+3+3+3	3×5=15
3+3+3+3+3+3	3×6=18
3+3+3+3+3+3+3	3×7=21
3+3+3+3+3+3+3+3	3×8=24
3+3+3+3+3+3+3+3+3	3×9=27

(각 단계마다 +3)

➡ 3의 단 곱셈구구에서 곱하는 수가 1씩 커지면 곱은 3씩 커집니다.

◑ 3의 단 곱셈구구 만들기

방법1 3씩 계속 더하기
3　　　　　➡ 3×1=3
3+3=6　　➡ 3×2=6
3+3+3=9 ➡ 3×3=9

방법2 앞의 곱에 3씩 더하기
3×1=3 ⎫
3×2=6 ⎬ +3
3×3=9 ⎭ +3

② 6의 단 곱셈구구 알아보기

6	6×1=6
6+6	6×2=12
6+6+6	6×3=18
6+6+6+6	6×4=24
6+6+6+6+6	6×5=30
6+6+6+6+6+6	6×6=36
6+6+6+6+6+6+6	6×7=42
6+6+6+6+6+6+6+6	6×8=48
6+6+6+6+6+6+6+6+6	6×9=54

(각 단계마다 +6)

➡ 6의 단 곱셈구구에서 곱하는 수가 1씩 커지면 곱은 6씩 커집니다.

◑ 3의 단도 되고 6의 단도 되는 수

3×2=6	6×1=6
3×4=12	6×2=12
3×6=18	6×3=18
3×8=24	6×4=24

➡ 6, 12, 18, 24

◑ 6의 단의 곱은 3의 단의 곱의 2배입니다.

×	1	2	3	4
3	3	6	9	12
6	6	12	18	24

(×2)

개념➕ **3의 단과 6의 단 곱셈구구를 수직선으로 알아보기**

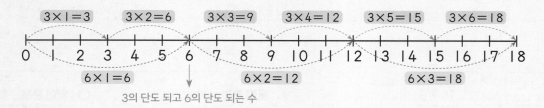

3×1=3　3×2=6　3×3=9　3×4=12　3×5=15　3×6=18

0 1 2 3 4 5 6 7 8 9 10 11 12 13 14 15 16 17 18

6×1=6　　　6×2=12　　　6×3=18

3의 단도 되고 6의 단도 되는 수

기본기 다지는 교과서 문제

1 그림을 보고 □ 안에 알맞은 수를 써넣으세요.

$$3+3+3=\boxed{}$$

$$3\times3=\boxed{}$$

2 그림을 보고 □ 안에 알맞은 수를 써넣으세요.

$$6\times6=\boxed{}$$

3 □ 안에 알맞은 수를 써넣으세요.

(1) ┌ $3\times6=\boxed{}$

└ $3\times7=\boxed{}$

→ 3×7은 3×6보다 $\boxed{}$만큼 더 큽니다.

(2) ┌ $6\times2=\boxed{}$

└ $6\times3=\boxed{}$

→ 6×3은 6×2보다 $\boxed{}$만큼 더 큽니다.

개념 따라쓰기

2 단원

3의 단 곱셈구구

$$3\times1=3$$
$$3\times2=6 \quad +3$$
$$3\times3=9 \quad +3$$

✏ 곱하는 수가 1씩 커지면 곱은 3씩 커집니다.

6의 단 곱셈구구

$$6\times1=6$$
$$6\times2=12 \quad +6$$
$$6\times3=18 \quad +6$$

✏ 곱하는 수가 1씩 커지면 곱은 6씩 커집니다.

3의 단과 6의 단의 관계

×	1	2	3	4
3	3	6	9	12
6	6	12	18	24

×2

✏ 6의 단의 곱은 3의 단의 곱의 2배입니다.

1 [18쪽]

이해 😀

곱셈식을 수직선에 나타내고 □ 안에 알맞은 수를 써넣으세요.

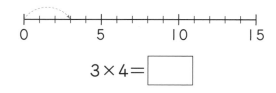

$3 \times 4 = \boxed{}$

2 [18쪽]

적용 🖱

곱셈이 옳게 되도록 선으로 이어 보세요.

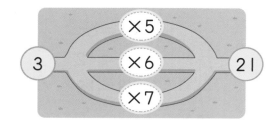

3

적용 🖱

6의 단 곱셈구구의 값을 찾아 선으로 이어 보세요.

3	7	14	42	48
→ 6	12	21	36	54 →
28	18	24	30	72
15	35	16	20	45

4 [18쪽]

문제 해결 📖

그림과 같이 성냥개비로 만든 삼각형이 6개 있습니다. 사용한 삼각형은 모두 몇 개인지 곱셈식으로 나타내세요.

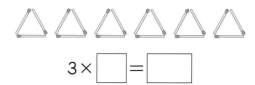

$3 \times \boxed{} = \boxed{}$

5

계산 ➗

곱이 25보다 큰 것을 모두 찾아 ○표 하세요.

$3 \times 6 \quad 6 \times 5 \quad 3 \times 9 \quad 6 \times 4$

6 [18쪽]

의사 소통 📖

모형의 전체 개수를 알아보는 방법으로 옳은 것을 모두 찾아 기호를 쓰세요.

㉠ 3＋3＋3＋3으로 3을 네 번 더해서 구합니다.
㉡ 3×5의 곱으로 구합니다.
㉢ 3×3에 3×2를 더해서 구합니다.
㉣ 3×4에 3×2를 더해서 구합니다.

(   )

조금 더 **어려운 문제**에 도전해 볼까요?

7 [19쪽] 문제 해결

〈보기〉와 같이 수 카드를 한 번씩만 사용하여 □ 안에 알맞은 수를 써넣으세요.

〈보기〉
2 1 7 → 3 × 7 = 2 1

(1) 1 2 4 → 3 × ☐ = ☐ ☐

(2) 4 5 9 → 6 × ☐ = ☐ ☐

8 [19쪽] 추론

☐ 안에 들어갈 수 있는 가장 작은 두 자리 수는 얼마일까요?

$$6 \times 5 < \square$$

(   )

+9 [19쪽] 수학적 독해력

다음에서 설명하는 수를 구하세요.

- 3의 단 곱셈구구의 값도 되고 6의 단 곱셈구구의 값도 됩니다.
- 20과 25 사이의 수입니다.

(   )

✎ **독해 포인트** 3의 단과 6의 단 곱셈구구를 각각 외우면서 20과 25 사이의 수를 찾습니다.

+10 [19쪽] 수학적 표현력

슬기가 6×9를 계산하는 방법을 잘못 설명한 것입니다. 바르게 고쳐 보세요.

 슬기
6×8에 9를 더하면 돼.

[바르게 고치기] 6×8에 ☐ 을 더하면 돼.

오늘 공부

어땠나요? 10개 중 맞힌 문제 ☐ 개 >   **틀린 문제**는 힌트를 보고 다시 도전해 보세요. >   **맞힌 문제**는 힌트를 보고 자신의 생각과 비교해 보세요.

10일 4의 단과 8의 단 곱셈구구

❶ 4의 단 곱셈구구 알아보기

4	$4 \times 1 = 4$
4+4	$4 \times 2 = 8$
4+4+4	$4 \times 3 = 12$
4+4+4+4	$4 \times 4 = 16$
4+4+4+4+4	$4 \times 5 = 20$
4+4+4+4+4+4	$4 \times 6 = 24$
4+4+4+4+4+4+4	$4 \times 7 = 28$
4+4+4+4+4+4+4+4	$4 \times 8 = 32$
4+4+4+4+4+4+4+4+4	$4 \times 9 = 36$

+4 (각 줄마다)

➡ 4의 단 곱셈구구에서 곱하는 수가 1씩 커지면 곱은 4씩 커집니다.

◑ 4의 단 곱셈구구 외우기
곱하기를 생략하여 외웁니다.

$4 \times 1 = 4$	사 일은 사
$4 \times 2 = 8$	사 이 팔
$4 \times 3 = 12$	사 삼 십이
$4 \times 4 = 16$	사 사 십육
$4 \times 5 = 20$	사 오 이십
$4 \times 6 = 24$	사 육 이십사
$4 \times 7 = 28$	사 칠 이십팔
$4 \times 8 = 32$	사 팔 삼십이
$4 \times 9 = 36$	사 구 삼십육

❷ 8의 단 곱셈구구 알아보기

8	$8 \times 1 = 8$
8+8	$8 \times 2 = 16$
8+8+8	$8 \times 3 = 24$
8+8+8+8	$8 \times 4 = 32$
8+8+8+8+8	$8 \times 5 = 40$
8+8+8+8+8+8	$8 \times 6 = 48$
8+8+8+8+8+8+8	$8 \times 7 = 56$
8+8+8+8+8+8+8+8	$8 \times 8 = 64$
8+8+8+8+8+8+8+8+8	$8 \times 9 = 72$

+8 (각 줄마다)

곱셈구구를 외울 땐,
곱하기를 생략하고 외워!

➡ 8의 단 곱셈구구에서 곱하는 수가 1씩 커지면 곱은 8씩 커집니다.

◑ 4의 단도 되고 8의 단도 되는 수

$4 \times 2 = 8$	$8 \times 1 = 8$
$4 \times 4 = 16$	$8 \times 2 = 16$
$4 \times 6 = 24$	$8 \times 3 = 24$
$4 \times 8 = 32$	$8 \times 4 = 32$

➡ 8, 16, 24, 32

개념➕ 4의 단 곱셈구구 만드는 방법

방법 1 4씩 계속 더하기

$4 \times 1 = 4$
$4 \times 2 = 4 + 4 = 8$
$4 \times 3 = 4 + 4 + 4 = 12$

방법 2 앞의 곱에 4씩 더하기

$4 \times 1 = 4$
$4 \times 2 = 8$ +4
$4 \times 3 = 12$ +4

◑ 8의 단의 곱은 4의 단의 곱의 2배입니다.

×	1	2	3	4
4	4	8	12	16
8	8	16	24	32

×2

기본기 다지는 교과서 문제

1 바나나의 수를 보고 □ 안에 알맞은 수를 써넣으세요.

🍌🍌🍌🍌	$4 \times 4 = \boxed{}$
🍌🍌🍌🍌🍌	$4 \times \boxed{} = 20$
🍌🍌🍌🍌🍌🍌	$4 \times \boxed{} = 24$
🍌🍌🍌🍌🍌🍌🍌	$4 \times \boxed{} = \boxed{}$

✏️ **개념** 따라쓰기

2 단원

4의 단 곱셈구구

$$4 \times 1 = 4$$
$$4 \times 2 = 8 \quad \Big\}{+4}$$
$$4 \times 3 = 12 \quad \Big\}{+4}$$

✏️ 곱하는 수가 1씩 커지면 곱은 **4**씩 커집니다.

2 곱셈식을 보고 빈 접시에 ◯를 그려 보세요.

$$8 \times 3 = 24$$

8의 단 곱셈구구

$$8 \times 1 = 8$$
$$8 \times 2 = 16 \quad \Big\}{+8}$$
$$8 \times 3 = 24 \quad \Big\}{+8}$$

✏️ 곱하는 수가 1씩 커지면 곱은 **8**씩 커집니다.

3 도넛이 모두 몇 개인지 여러 가지 곱셈식으로 나타내세요.

$$2 \times \boxed{} = 16$$

$$4 \times \boxed{} = 16$$

$$8 \times \boxed{} = 16$$

4의 단과 8의 단의 관계

×	1	2	3	4
4	4	8	12	16
8	8	16	24	32

$\Big\}{\times 2}$

✏️ **8**의 단의 곱은 **4**의 단의 곱의 **2**배입니다.

1

이해

빈칸에 알맞은 수를 써넣으세요.

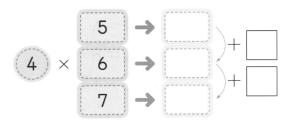

2 [20쪽]

이해

4의 단 곱셈구구와 8의 단 곱셈구구를 이용하여 쿠키의 수를 구하세요.

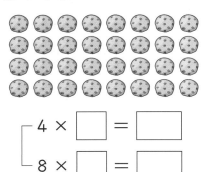

$4 \times \boxed{} = \boxed{}$

$8 \times \boxed{} = \boxed{}$

3 [20쪽]

문제 해결

한 장의 길이가 8 cm인 색 테이프 5장을 그림과 같이 겹치지 않게 이어 붙였습니다. 이어 붙인 색 테이프의 전체 길이는 몇 cm일까요?

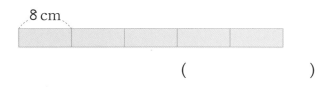

8 cm

(   )

4 [20쪽]

추론

□ 안에 알맞은 수를 써넣으세요.

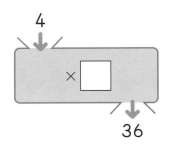

5 [20쪽]

문제 해결

다리가 4개씩 있는 의자가 8개 있습니다. 다리는 모두 몇 개일까요?

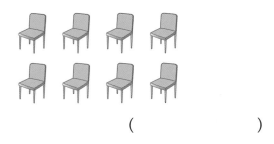

(   )

6

적용

곱이 큰 것부터 차례로 기호를 쓰세요.

| ㉠ 8 × 3 | ㉡ 6 × 6 | ㉢ 4 × 7 |

$\boxed{} - \boxed{} - \boxed{}$

조금 더 **어려운** 문제에 도전해 볼까요?

2단원

7 📖 21쪽   추론 🧩

다음 두 곱셈구구의 곱이 같을 때 □ 안에 알맞은 수를 구하세요.

| 8 × 2 | | 4 × □ |

(   )

8 📖 21쪽   문제 해결 📋

□ 안에 들어갈 수 있는 수는 모두 몇 개일까요?

$$4 \times 5 < \square < 8 \times 3$$

(   )

+9 📖 21쪽   수학적 독해력

그림에서 ▨ 안의 수는 양 끝의 ◯ 안에 있는 두 수의 곱입니다. ◯ 안에 1부터 9까지의 수 중 알맞은 수를 써넣으세요.

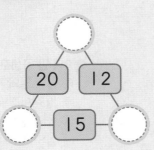

🔍 **독해 포인트**   먼저 하나의 곱셈구구를 구한 다음 나머지 곱셈구구를 생각해 보세요.

+10 📖 21쪽   수학적 표현력

4장의 수 카드 중에서 2장을 골라 한 번씩만 사용하여 곱셈구구를 만들려고 합니다. 만들 수 있는 곱셈구구의 가장 큰 곱과 가장 작은 곱의 차는 얼마인지 말해 보세요.

| 4 | 7 | 8 | 6 |

가장 큰 곱은 8 × □ = □ 이고,

가장 작은 곱은 4 × □ = □ 입니다.

따라서 두 곱의 차는 □ − □ = □ 입니다.

11일 7의 단과 9의 단 곱셈구구

❶ 7의 단 곱셈구구 알아보기

7	$7 \times 1 = 7$
7+7	$7 \times 2 = 14$
7+7+7	$7 \times 3 = 21$
7+7+7+7	$7 \times 4 = 28$
7+7+7+7+7	$7 \times 5 = 35$
7+7+7+7+7+7	$7 \times 6 = 42$
7+7+7+7+7+7+7	$7 \times 7 = 49$
7+7+7+7+7+7+7+7	$7 \times 8 = 56$
7+7+7+7+7+7+7+7+7	$7 \times 9 = 63$

+7 (각 단계마다)

➡ 7의 단 곱셈구구에서 곱하는 수가 1씩 커지면 곱은 7씩 커집니다.

◖ ■의 단 곱셈구구에서는 곱하는 수가 1씩 커지면 곱은 ■씩 커집니다.

❷ 9의 단 곱셈구구 알아보기

9	$9 \times 1 = 9$
9+9	$9 \times 2 = 18$
9+9+9	$9 \times 3 = 27$
9+9+9+9	$9 \times 4 = 36$
9+9+9+9+9	$9 \times 5 = 45$
9+9+9+9+9+9	$9 \times 6 = 54$
9+9+9+9+9+9+9	$9 \times 7 = 63$
9+9+9+9+9+9+9+9	$9 \times 8 = 72$
9+9+9+9+9+9+9+9+9	$9 \times 9 = 81$

+9 (각 단계마다)

➡ 9의 단 곱셈구구에서 곱하는 수가 1씩 커지면 곱은 9씩 커집니다.

◖ 9의 단 곱셈구구의 특징
① 곱의 일의 자리 숫자가 1씩 작아집니다.
② 곱의 일의 자리 숫자와 십의 자리 숫자의 합은 9입니다.

◖ 곱하는 두 수의 순서를 서로 바꾸어도 곱은 같습니다.
예 $7 \times 9 = 9 \times 7$

» 정답 · 풀이 **12**쪽

기본기 다지는 교과서 문제

2 단원

1 □ 안에 알맞은 수를 써넣으세요.

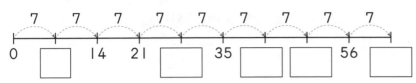

개념 따라쓰기

7의 단 곱셈구구

$$7 \times 1 = 7$$
$$7 \times 2 = 14 \Big\} +7$$
$$7 \times 3 = 21 \Big\} +7$$

✏ 곱하는 수가 1씩 커지면 곱은 **7**씩 커집니다.

2 그림을 보고 □ 안에 알맞은 수를 써넣으세요.

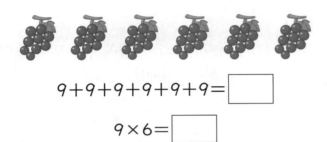

$$9+9+9+9+9+9 = \boxed{}$$

$$9 \times 6 = \boxed{}$$

9의 단 곱셈구구

$$9 \times 1 = 9$$
$$9 \times 2 = 18 \Big\} +9$$
$$9 \times 3 = 27 \Big\} +9$$

✏ 곱하는 수가 1씩 커지면 곱은 **9**씩 커집니다.

3 곱셈구구의 값을 찾아 선으로 이어 보세요.

7×5 •		• 63
9×9 •		• 35
7×9 •		• 81

9의 단 곱셈구구의 특징

$$9 \times 2 = 18 \quad 1+8=9$$
$$9 \times 3 = 27 \quad 2+7=9$$
$$9 \times 4 = 36 \quad 3+6=9$$

✏ ① 곱의 일의 자리 숫자가 1씩 작아집니다.
② 곱의 일의 자리 숫자와 십의 자리 숫자의 합은 9입니다.

1

계산 ×÷

빈칸에 알맞은 수를 써넣으세요.

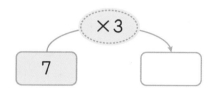

2 22쪽

이해

9의 단 곱셈구구로 뛴 전체 거리를 구하세요.

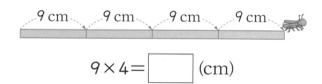

$$9 \times 4 = \boxed{} \text{(cm)}$$

3

계산 ×÷

◯ 안에 > 또는 <를 알맞게 써넣으세요.

| 62 | ◯ | 7 × 9 |

4 22쪽

계산 ×÷

㉠과 ㉡의 차를 구하세요.

( )

5 22쪽

추론

1부터 9까지의 수 중에서 □ 안에 들어갈 수 있는 수를 모두 구하세요.

$$7 \times \square > 45$$

( )

6 22쪽

문제 해결

3장의 수 카드 중 2장을 뽑아 곱셈을 할 때, 두 수의 곱이 가장 큰 곱을 구하세요.

( )

7 [23쪽]   추론

☐ 안에 알맞은 수를 써넣으세요.

$$7 \times ★ = 42$$
$$9 \times ♥ = 36$$

$$★ \times ♥ = \boxed{}$$

8 [23쪽]   문제 해결

연필을 가장 많이 가지고 있는 친구는 누구일까요?

서준: 난 연필을 9자루씩 5묶음 가지고 있어.
수현: 내가 가지고 있는 연필은 서준이보다 2자루 더 많아.
종욱: 나는 연필을 7자루씩 7묶음 가지고 있어.

(   )

+9 [23쪽]   수학적 독해력

어떤 수에 7을 곱해야 할 것을 잘못하여 6을 곱했더니 36이 되었습니다. 바르게 계산하면 얼마일까요?

(   )

🔍 **독해 포인트** 어떤 수를 ☐라고 하고 잘못 곱한 식을 이용하여 어떤 수를 먼저 구해 봅니다.

+10 [23쪽]   수학적 표현력

곱셈구구를 이용하여 모형의 수를 계산하려고 합니다. 모형 36개를 계산할 수 있는 방법을 한 가지 더 말해 보세요.

2×2와 7×5를 더해서 구했습니다.

[방법] 예 $7 \times \boxed{} = \boxed{}$ 과

$9 \times \boxed{} = \boxed{}$ 을 더해서 구합니다.

오늘 공부

어땠나요?   10개 중 맞힌 문제 ☐ 개 > ✖ **틀린 문제**는 힌트를 보고 다시 도전해 보세요. > 🔍 **맞힌 문제**는 힌트를 보고 자신의 생각과 비교해 보세요.

2. 곱셈구구 · **053**

12일 1의 단 곱셈구구 / 0과 어떤 수의 곱

❶ 1의 단 곱셈구구 알아보기

×	1	2	3	4	5	6	7	8	9
1	1	2	3	4	5	6	7	8	9

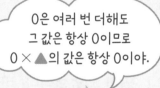

- 1과 어떤 수의 곱은 항상 어떤 수가 됩니다.
- 어떤 수와 1의 곱은 항상 어떤 수가 됩니다.

1 × (어떤 수) = (어떤 수)		(어떤 수) × 1 = (어떤 수)

❷ 0과 어떤 수의 곱 알아보기

×	1	2	3	4	5	6	7	8	9
0	0	0	0	0	0	0	0	0	0

- 0과 어떤 수의 곱은 항상 0입니다.
- 어떤 수와 0의 곱은 항상 0입니다.

0 × (어떤 수) = 0		(어떤 수) × 0 = 0

0은 여러 번 더해도 그 값은 항상 0이므로 0 × ▲의 값은 항상 0이야.

확인 ❶ 꽃의 수를 알아보려고 합니다. □ 안에 알맞은 수를 써넣으세요.

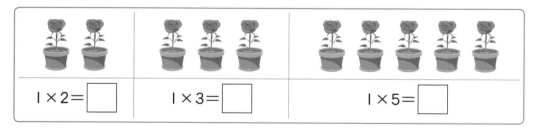

1 × 2 = □　　　1 × 3 = □　　　1 × 5 = □

확인 ❷ 책꽂이에 있는 책의 수를 알아보려고 합니다. □ 안에 알맞은 수를 써넣으세요.

0 × 5 = □

기본기 다지는 교과서 문제

1 □ 안에 알맞은 수를 써넣으세요.

$$6 \times \boxed{} = 6, \ 8 \times \boxed{} = 8$$

→ 어떤 수와 $\boxed{}$ 의 곱은 항상 어떤 수가 됩니다.

2 □ 안에 알맞은 수를 써넣으세요.

$$2 \times \boxed{} = 0, \ 9 \times \boxed{} = 0$$

→ 어떤 수와 $\boxed{}$ 의 곱은 항상 0입니다.

3 □ 안에 알맞은 수를 써넣으세요.

(1) $1 \times 9 = \boxed{}$

(2) $7 \times 1 = \boxed{}$

(3) $0 \times 7 = \boxed{}$

(4) $\boxed{} \times 6 = 0$

4 공을 꺼내어 공에 적힌 수만큼 점수를 얻는 놀이를 하였습니다. 표를 완성하고 얻은 점수가 몇 점인지 구하세요.

공에 적힌 수	0	1	2
꺼낸 횟수(번)	4	5	1
점수(점)	$0 \times 4 = \boxed{}$	$1 \times 5 = \boxed{}$	$2 \times 1 = \boxed{}$

→ 얻은 점수: $\boxed{}$ 점

개념 따라쓰기

1의 단 곱셈구구

$$1 \times \blacksquare = \blacksquare$$
$$\blacksquare \times 1 = \blacksquare$$

- 1과 어떤 수의 곱은 항상 어떤 수가 됩니다.
- 어떤 수와 1의 곱은 항상 어떤 수가 됩니다.

0과 어떤 수의 곱

$$0 \times \blacktriangle = 0$$
$$\blacktriangle \times 0 = 0$$

- 0과 어떤 수의 곱은 항상 0입니다.
- 어떤 수와 0의 곱은 항상 0입니다.

1

이해

초콜릿이 모두 몇 개인지 곱셈식으로 나타내세요.

$1 \times \boxed{} = \boxed{}$

2

이해

곱의 크기를 비교하여 ○ 안에 >, =, <를 알맞게 써넣으세요.

$\boxed{6 \times 1}$ ○ $\boxed{1 \times 9}$

3 24쪽

이해

계산 결과가 다른 하나를 찾아 기호를 쓰세요.

ㄱ 0×7   ㄴ 7×0
ㄷ 1×7   ㄹ 1×0

(   )

4 24쪽

추론

★에 알맞은 수를 구하세요.

$1 \times 8 = \blacklozenge$ $\blacklozenge \times 1 = \bigstar$

(   )

5 24쪽

계산

곱셈을 이용하여 빈 곳에 알맞은 수를 써넣으세요.

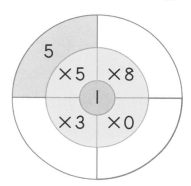

6 24쪽

문제 해결

영민이는 연필을 1자루씩 6명의 친구들에게 주었습니다. 영민이가 친구들에게 준 연필은 모두 몇 자루일까요?

(   )

» 정답·풀이 13쪽

7 📖 25쪽
추론 🧩

어떤 수와 |을 곱했더니 4가 되었습니다. 6과 어떤 수의 곱은 얼마일까요?

(   )

8 📖 25쪽
창의 융합 💡

달리기 경기에서 다음과 같이 등수에 따라 점수를 얻습니다. 지혜네 반에는 |등이 |명, 2등이 |명, 3등이 4명 있습니다. 지혜네 반의 달리기 점수는 모두 몇 점일까요?

등수	|등	2등	3등
점수(점)	3	2		

(   )

+9 📖 25쪽
수학적 독해력

같은 모양은 같은 한 자리 숫자를 나타낼 때 ㉠×㉡의 값을 구하세요.

- ★×★=49
- ★×|=㉠
- ★×0=㉡

(   )

🔍 **독해 포인트** ★은 모두 같은 숫자를 나타내므로 같은 두 수를 곱하여 49가 되는 수를 먼저 찾습니다.

+10 📖 25쪽
수학적 표현력

서연이는 과녁 맞히기 놀이를 하여 오른쪽과 같이 맞혔습니다. 서연이가 얻은 점수는 몇 점인지 설명해 보세요.

3점을 |번 맞혔으므로 ☐ × | = ☐ (점)이고,

|점을 4번 맞혔으므로 | × ☐ = ☐ (점)이고,

0점을 6번 맞혔으므로 ☐ × 6 = ☐ (점)입니다.

따라서 서연이가 얻은 점수는

☐ + ☐ + ☐ = ☐ (점)입니다.

오늘 공부

어땠나요?   10개 중 맞힌 문제 ☐ 개 > ✖ **틀린 문제**는 힌트를 보고 다시 도전해 보세요. > 🔍 **맞힌 문제**는 힌트를 보고 자신의 생각과 비교해 보세요.

13일 곱셈표 만들기

① 곱셈표 만들기

×	0	1	2	3	4	5	6	7	8	9
0	0	0	0	0	0	0	0	0	0	0
1	0	1	2	3	4	5	6	7	8	9
2	0	2	4	6	8	10	12	14	16	18
3	0	3	6	9	12	15	18	21	24	27
4	0	4	8	12	16	20	24	28	32	36
5	0	5	10	15	20	25	30	35	40	45
6	0	6	12	18	24	30	36	42	48	54
7	0	7	14	21	28	35	42	49	56	63
8	0	8	16	24	32	40	48	56	64	72
9	0	9	18	27	36	45	54	63	72	81

→ 곱하는 수

곱해지는 수

● 곱하는 두 수의 순서를 바꾸어도 곱은 같습니다.
$3 \times 7 = 7 \times 3$

● 5의 단 곱셈구구에서는 곱이 5씩 커집니다.

● 가로줄과 세로줄이 만나는 칸에 두 수의 곱을 써넣습니다.

● **곱하는 두 수의 순서**
■×▲의 곱과 ▲×■의 곱은 같습니다.
예 $3 \times 7 = 7 \times 3$

- ■의 단 곱셈구구에서는 곱하는 수가 1씩 커지면 곱이 ■씩 커집니다.
- 곱하는 두 수의 순서를 서로 바꾸어도 곱은 같습니다.
  → ■×▲=▲×■

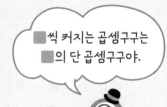

■씩 커지는 곱셈구구는 ■의 단 곱셈구구야.

확인 1 □ 안에 알맞은 수를 써넣으세요.

×	4	5	6	7	8	9
4	16	20	24	28	32	36
5	20	25	30	35	40	45
6	24	30	36	42	48	54

(1) 4의 단 곱셈구구에서는 곱하는 수가 1씩 커질 때 곱이 □씩 커집니다.

(2) 6씩 커지는 곱셈구구는 □의 단 곱셈구구입니다.

(3) 4×7과 곱이 같은 곱셈구구는 □×□입니다.

기본기 다지는 교과서 문제

1 곱셈표를 완성하고 곱이 45보다 큰 칸에 색칠해 보세요.

×	1	2	3	4	5	6	7	8	9
7	7	14	21	28	35	42	49		63
8	8	16	24	32	40		56		72
9	9	18	27			54		72	81

2 곱셈표를 보고 물음에 답하세요.

×	3	4	5	6	7	8
3	9	12	15	18	21	
4	12	16	20		28	32
5	15	20	25		35	40
6	18			36	42	48
7	21		35		49	56
8		32	40	48	56	

(1) 빈칸에 알맞은 수를 써넣어 곱셈표를 완성하세요.

(2) 곱셈표에서 3×8과 곱이 같은 곱셈구구를 모두 쓰세요.

(   )

3 7의 단 곱셈구구의 값을 찾아 선으로 이어 보세요.

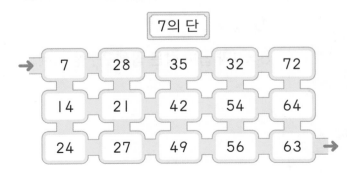

7의 단

→ | 7 | 28 | 35 | 32 | 72 |

| 14 | 21 | 42 | 54 | 64 |

| 24 | 27 | 49 | 56 | 63 | →

씩 커지는 곱셈구구

■×1=○
■×2=○ +■
■×3=○ +■

✎ ■의 단 곱셈구구에서는 곱하는 수가 1씩 커지면 곱이 ■씩 커집니다.

곱하는 두 수의 순서

■×▲=▲×■

✎ 곱하는 두 수의 순서를 서로 바꾸어도 곱은 같습니다.

1 〔26쪽〕

이해

빨간색 선으로 둘러싸인 곳과 규칙이 같은 곳을 찾아 파란색으로 색칠하세요.

×	1	2	3	4	5
1	1	2	3	4	5
2	2	4	6	8	10
3	3	6	9	12	15
4	4	8	12	16	20
5	5	10	15	20	25

2

적용

빈칸에 알맞은 수를 써넣어 곱셈표를 완성하세요.

×	4	5	6
4			
5			
6			

3 〔26쪽〕

이해

그림을 보고 □ 안에 알맞은 수를 써넣고, 알맞은 말에 ○표 하세요.

$2 \times \boxed{} = \boxed{}$, $5 \times \boxed{} = \boxed{}$

> 2×5의 곱과 5×2의 곱은
> (같습니다 , 다릅니다).

[4~6] 곱셈표를 보고 물음에 답하세요.

×	1	2	3	4	5	6	7	8	9
3	3			12					
4	4		12			24		32	㉠
5		10					♥		45
6					30		42		
7	7		㉡						63

4 〔26쪽〕

문제 해결

♥에 들어갈 수를 구하는 곱셈식을 2개 쓰세요.

(   ), (   )

5

계산

㉠과 ㉡에 알맞은 두 수의 합을 구하세요.

(   )

6 〔26쪽〕

적용

6×7과 곱이 같은 곱셈구구를 쓰세요.

(   )

7 📖 27쪽 　　　　　　　　문제 해결 🏷

곱셈표에서 곱이 30인 칸을 모두 찾아 기호를 쓰세요.

×	1	2	3	4	5	6	7	8	9
5	5	10	15	㉠		㉡			45
6		12		㉢		42	48		
7	7		㉣	28				㉤	

(　　　　　　　　)

8 📖 27쪽 　　　　　　　　추론 🧩

곱셈표에서 점선을 따라 접었을 때 ★과 만나는 칸에 알맞은 수를 써넣으세요.

×	3	4	5	6	7
3					
4				★	
5					
6					
7					

⁺9 📖 27쪽 　　　　　[수학적 독해력]

곱셈표에서 ㉠과 ㉡에 알맞은 수를 각각 구하세요.

×	3	㉠	7	9
5	15			45
6		30		
㉡			49	

㉠ (　　　　　　　)

㉡ (　　　　　　　)

🔍 **독해 포인트** (가로줄에 있는 수)×(세로줄에 있는 수)를 이용하여 곱셈표가 만들어집니다.

⁺10 📖 27쪽 　　　　　[수학적 표현력]

곱셈표에서 〈보기〉와 같이 규칙을 찾아 쓰세요.

×	0	1	2	3	4	5	6	7	8	9
6	0	6	12	18	24	30	36	42	48	54
7	0	7	14	21	28	35	42	49	56	63
8	0	8	16	24	32	40	48	56	64	72
9	0	9	18	27	36	45	54	63	72	81

〔보기〕
7의 단 곱셈구구에서는 곱이 7씩 커집니다.

〔규칙〕

14일 곱셈구구를 이용하여 문제 해결하기

① 곱셈구구를 이용하여 문제 해결하기

● 곱셈 문제를 해결하는 순서

구하려는 것을 파악합니다.

↓

곱셈식으로 나타냅니다.

↓

곱셈구구를 이용하여 답을 구합니다.

예) 달걀이 한 판에 6개씩 5판이 있습니다. 달걀은 모두 몇 개인지 곱셈구구로 알아보세요.

1단계 구하려는 것: 달걀의 수

2단계 곱셈식으로 나타내기

6개씩 5판이므로 6×5=30입니다.

3단계 답 구하기

달걀은 모두 30개입니다.

● 곱셈식은 ■×▲=●로 나타냅니다.

확인 1 사과가 한 접시에 3개씩 담겨 있습니다. 접시 4개에 담겨 있는 사과는 모두 몇 개인지 구하려고 합니다. □ 안에 알맞은 수를 써넣으세요.

(1) 사과는 □개씩 □접시 있습니다.

(2) 사과는 모두 몇 개인지 곱셈식으로 나타내면 3×□=□입니다.

(3) 사과는 모두 □개입니다.

» 정답 · 풀이 **15**쪽

기본기 다지는 교과서 문제

1 윤하네 베란다에 화분이 6개 있습니다. 화분에 심겨진 꽃은 모두 몇 송이인지 알아보려고 합니다. □ 안에 알맞은 수를 써넣으세요.

> 화분 하나에는 꽃이 4송이가 심겨 있고, 화분은 6개입니다. 따라서 꽃은 □ × □ = □ (송이)입니다.

개념 따라쓰기

곱셈 문제를 해결하는 순서

<u>구하려는 것</u> 파악하기
↓
<u>곱셈식으로</u> 나타내기
↓
<u>곱셈구구를 이용하여</u>
답 구하기

2 공원에 4명이 앉을 수 있는 긴 의자 4개가 있습니다. 모두 몇 명이 앉을 수 있는지 곱셈식을 이용하여 구하세요.

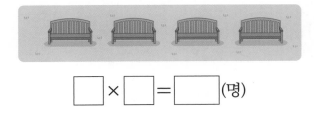

□ × □ = □ (명)

3 영민이의 나이는 9살입니다. 영민이 삼촌의 나이는 영민이 나이의 3배입니다. 영민이 삼촌은 몇 살일까요?

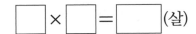

□ × □ = □ (살)

스스로 풀어내는 도전 10 문제

막힐 땐 힌트북

1 적용

어항 1개에 물고기가 5마리씩 들어 있습니다. 어항 6개에 들어 있는 물고기는 모두 몇 마리일까요?

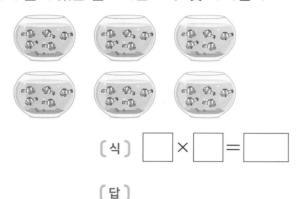

[식] ☐ × ☐ = ☐

[답] _____

2 적용

6명씩 탈 수 있는 칸이 8개 있는 대관람차가 있습니다. 모두 몇 명까지 탈 수 있는지 식을 쓰고, 답을 구하세요.

[식] _____

[답] _____

3 28쪽 적용

운동장에 학생이 8명씩 3줄로 서 있습니다. 운동장에 서 있는 학생은 모두 몇 명일까요?

( )

4 28쪽 추론

민호는 구슬을 9개씩 5봉지 가지고 있고, 종욱이는 민호보다 구슬을 8개 더 적게 가지고 있습니다. 종욱이가 가지고 있는 구슬은 몇 개일까요?

( )

5 28쪽 문제 해결

연필이 90자루 있습니다. 이 연필을 7자루씩 8명에게 나누어 주었다면 남은 연필은 몇 자루일까요?

( )

6 28쪽 적용

두발자전거 3대와 세발자전거 4대가 있습니다. 자전거 바퀴는 모두 몇 개일까요?

( )

» 정답·풀이 **15**쪽

7 29쪽   추론

공책을 슬기에게는 7권씩 3묶음을 주었고, 로운이에게는 4권씩 5묶음을 주었더니 2권이 남았습니다. 처음에 있던 공책은 모두 몇 권일까요?

(   )

8 29쪽   창의 융합

주사위를 던져서 나온 눈의 횟수를 나타내었습니다. 나온 주사위 눈의 수의 전체 합은 얼마일까요?

주사위 눈	⚀	⚁	⚂	⚃	⚄	⚅
나온 횟수(번)	5	3	0	4	3	0

(   )

+9 29쪽   수학적 독해력

과일 가게에 복숭아가 한 상자에 6개씩 9상자 있었습니다. 이 중에서 14개를 팔고 남은 복숭아를 8상자에 똑같이 나누어 담았다면 한 상자에 몇 개씩 담았을까요?

(   )

🔍 **독해 포인트** 처음 복숭아 수에서 14를 빼면 팔고 남은 복숭아 수가 됩니다.

+10 29쪽   수학적 표현력

오각형 9개의 꼭짓점은 모두 몇 개인지 설명해 보세요.

오각형 한 개의 꼭짓점은 ☐ 개이므로

오각형 9개의 꼭짓점의 수를 구하는 곱셈식은

9 × ☐ = ☐ 입니다.

따라서 오각형 9개의 꼭짓점은 모두 ☐ 개입니다.

오늘 공부
어땠나요?   10개 중 맞힌 문제 ☐ 개   >   **틀린 문제**는 힌트를 보고 다시 도전해 보세요.   >   **맞힌 문제**는 힌트를 보고 자신의 생각과 비교해 보세요.

01 곱셈구구의 값을 찾아 선으로 이어 보세요.

2×6 •   • 20

3×7 •   • 12

4×5 •   • 21

02 그림과 같이 나무 막대 7토막을 겹치지 않게 이어 붙인 길이는 몇 cm일까요?

6 cm

(   )

03 곱이 작은 것부터 차례로 기호를 쓰세요.

㉠ 7×5   ㉡ 4×8   ㉢ 6×6

☐ — ☐ — ☐

04 ☐ 안에 알맞은 수를 구하세요.

8×3=6×☐

(   )

05 ☐ 안에 공통으로 들어갈 수를 구하세요.

9×☐=0   ☐×7=0
☐×1=0   4×☐=0

(   )

06 곱셈표에서 ㉠과 ㉡에 알맞은 수의 합을 구하세요.

×	4	5	6	7	8
7			㉠		
	㉡			63	

(   )

07 오토바이 7대와 자동차 3대가 있습니다. 오토바이와 자동차의 바퀴는 모두 몇 개일까요?

(   )

08 지혜는 9살입니다. 할아버지의 연세는 지혜의 나이의 8배보다 4살 더 적습니다. 할아버지의 연세는 몇 세일까요?

(   )

09 3장의 수 카드 중에서 2장을 뽑아 곱셈을 할 때, 두 수의 곱이 가장 큰 곱을 구하세요.

(   )

✏️ 서술형

10 퀴즈 대회에서 1등은 3점, 2등은 1점, 3등은 0점을 얻습니다. 영민이네 모둠은 1등이 3명, 2등이 4명, 3등이 2명입니다. 영민이네 모둠의 퀴즈 대회 점수는 모두 몇 점인지 풀이 과정을 쓰고, 답을 구하세요.

〔풀이〕 _____

_____

_____

〔답〕 _____

cm보다 더 큰 단위

❶ 1 m 알아보기

100 cm는 1 m와 같습니다. 1 m는 1 미터라고 읽습니다.

$$100 \text{ cm} = 1 \text{ m}$$

〔쓰기〕

〔읽기〕 1 미터

◑ 1 m는 1 cm를 100번 이은 것과 같습니다.

❷ 몇 m 몇 cm 알아보기

150 cm
100 cm   50 cm
1 m

• 150 cm는 1 m보다 50 cm 더 깁니다.
• 150 cm를 1 m 50 cm라고도 씁니다.
• 1 m 50 cm를 1 미터 50 센티미터라고 읽습니다.

$$150 \text{ cm} = 1 \text{ m } 50 \text{ cm}$$

◑ ■▲● cm는
■ m ▲● cm로 나타낼 수 있습니다.
(단, ■, ▲, ●는 각각 한 자리 수)

◑ 몇 m 몇 cm를 몇 cm로 나타내기
   예 2 m 5 cm
   = 2 m + 5 cm
   = 200 cm + 5 cm
   = 205 cm
   주의 2 m 5 cm를 25 cm로 나타내지 않도록 주의합니다.

확인 1 □ 안에 알맞게 써넣으세요.

□ cm는 1 m와 같습니다. 1 m는 □ 라고 읽습니다.

확인 2 나무 막대의 길이는 몇 m 몇 cm인지 알아보려고 합니다. □ 안에 알맞은 수를 써넣으세요.

240 cm

• 나무 막대의 길이는 240 cm입니다.
• 240 cm는 2 m보다 □ cm 더 깁니다.
• 나무 막대의 길이는 □ m □ cm입니다.

» 정답 · 풀이 **17**쪽

기본기 다지는 교과서 문제

개념 따라쓰기

1 길이를 바르게 써 보세요.

(1) **2 m**

(2) **3 m**

3단원

1 m 알아보기

ㅣ m=ㅣ00 cm
ㅣ00 cm=ㅣ m

2 길이를 바르게 읽어 보세요.

(1) | 3 m 6 cm | (   )

(2) | 5 m 48 cm | (   )

몇 m 몇 cm 알아보기

■▲● cm
=■00 cm+▲● cm
=■ m+▲● cm
=■ m ▲● cm

3 □ 안에 알맞은 수를 써넣으세요.

(1) ㅣ42 cm

= [   ] cm+42 cm

= [   ] m+42 cm

= [   ] m 42 cm

(2) 2 m 50 cm

= [   ] m+50 cm

= [   ] cm+50 cm

= [   ] cm

몇 m 몇 cm를 몇 cm로 나타내기

■▲● cm
=■ m+▲● cm
=■00 cm+▲● cm
=■▲● cm

4 □ 안에 알맞은 수를 써넣으세요.

(1) 5 m 8 cm= [   ] cm

(2) 605 cm= [   ] m [   ] cm

스스로 풀어내는 도전 10 문제

 막힐 땐 힌트북

1

이해

관계있는 것끼리 선으로 이어 보세요.

4 m 36 cm	·	·	400 cm
4 m	·	·	436 cm
4 m 63 cm	·	·	463 cm

2

이해

cm와 m 중 알맞은 단위를 쓰세요.

(1) 젓가락의 길이는 약 15 [ ] 입니다.

(2) 기린의 키는 약 3 [ ] 입니다.

3 [30쪽]

적용

길이에 대해 잘못 설명한 것을 찾아 기호를 쓰세요.

> ㉠ 5 m 40 cm는 5 미터 40 센티미터라고 읽습니다.
> ㉡ 6 m 6 cm는 660 cm입니다.
> ㉢ 734 cm는 7 m 34 cm입니다.

( )

4 [30쪽]

추론

길이가 1 m보다 짧은 것과 긴 것을 모두 찾아 기호를 쓰세요.

> ㉠ 냉장고의 높이   ㉡ 연필의 길이
> ㉢ 리코더의 길이   ㉣ 칠판 긴 쪽의 길이

1 m보다 짧은 것 ( )

1 m보다 긴 것 ( )

5 [30쪽]

적용

수현이의 키는 1 m보다 39 cm 더 큽니다. 수현이의 키는 몇 m 몇 cm일까요?

( )

6 [30쪽]

문제 해결

우리나라의 남자 높이뛰기 최고 기록은 236 cm입니다. 우리나라의 남자 높이뛰기 최고 기록은 몇 m 몇 cm일까요?

( )

» 정답 · 풀이 **17**쪽

조금 더 어려운 문제에 도전해 볼까요?

7 31쪽
의사 소통 🗨

1 m를 바르게 설명한 사람은 누구일까요?

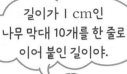

길이가 1 cm인 나무 막대 10개를 한 줄로 이어 붙인 길이야.

슬기

길이가 10 cm인 색 테이프 10장을 겹치지 않게 이은 길이야.

서준

(   )

8 31쪽
창의 융합 💡

길이를 바르게 나타낸 주머니는 초록색, 틀리게 나타낸 주머니는 빨간색으로 색칠해 보세요.

1 m 9 cm
=109 cm

705 cm
=7 m 50 cm

9 m 3 cm
=930 cm

3단원

⁺9 31쪽
수학적 독해력

윤하는 길이가 3 m인 끈을 가지고 있습니다. 민호는 윤하가 가지고 있는 끈보다 28 cm 더 긴 끈을 가지고 있습니다. 민호가 가지고 있는 끈은 몇 cm일까요?

(   )

🔍 **독해 포인트** ■m 보다 ▲cm 더 길면 ■m ▲cm입니다.

⁺10 31쪽
수학적 표현력

서연이의 말이 잘못된 이유를 쓰고, 바르게 고쳐 보세요.

서연

1127 cm는 112 m 7 cm이니까 112 미터 7 센티미터라고 읽어.

〔잘못된 이유〕 100 cm=1 m이므로

1127 cm= ☐ m ☐ cm인데

112 m 7 cm로 잘못 나타내었습니다.

〔바르게 고치기〕 1127 cm는

☐ m ☐ cm이니까

☐ 미터 ☐ 센티미터라고 읽어.

오늘 공부

어땠나요?

10개 중 맞힌 문제 ☐ 개 > ✗ **틀린 문제**는 힌트를 보고 다시 도전해 보세요. > 🔍 **맞힌 문제**는 힌트를 보고 자신의 생각과 비교해 보세요.

16일 자로 길이 재기

❶ 줄자와 곧은 자 비교하기

종류	줄자	곧은 자
같은 점	• 1 cm 간격으로 눈금이 있습니다. • 길이를 잴 때 사용합니다.	
다른 점	• 길이가 깁니다. • 접히거나 휘어집니다.	• 길이가 짧습니다. • 곧은 모양입니다.

└─● 굽은 길이도 잴 수 있습니다.

◖ 줄자는 길이가 긴 물건의 길이나 물건의 둘레의 길이를 재는 데 사용하면 편리합니다.

❷ 줄자를 사용하여 길이를 재는 방법

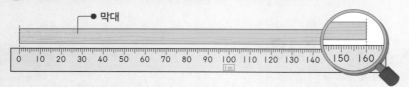

● 막대

① 막대의 한끝을 줄자의 눈금 0에 맞춥니다.

② 막대의 다른 쪽 끝에 있는 줄자의 눈금을 읽습니다.

➜ 눈금이 160이므로 막대의 길이는 1 m 60 cm입니다.

160 cm는 1 m 60 cm로 나타낼 수 있어.

확인 1 냉장고의 높이를 잴 때 사용하기 편한 자를 찾아 ○표 하세요.

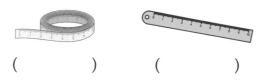

(   )   (   )

확인 2 줄자를 사용하여 밧줄의 길이를 재려고 합니다. □ 안에 알맞은 수를 써넣으세요.

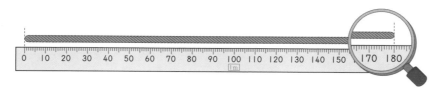

① 밧줄의 한끝을 줄자의 눈금 □에 맞춥니다.

② 밧줄의 다른 쪽 끝에 있는 줄자의 눈금은 □입니다.

➜ 밧줄의 길이는 □ cm 또는 □ m □ cm입니다.

» 정답 · 풀이 **18**쪽

기본기 다지는 교과서 문제

1 자에서 화살표가 가리키는 눈금을 읽어 보세요.

(1) ▢ cm

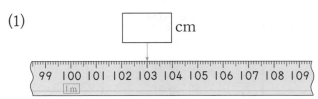

(2) ▢ m ▢ cm

2 리본의 길이는 몇 cm일까요?

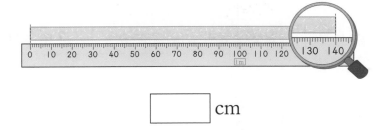

▢ cm

3 줄자를 사용하여 지혜의 키를 재었습니다. 지혜의 키는 몇 m 몇 cm일까요?

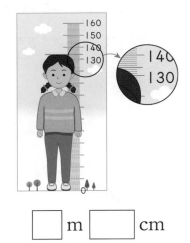

▢ m ▢ cm

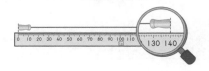

개념 따라쓰기

줄자를 사용하여 길이 재기

✏️ ① 물건의 한끝을 줄자의 눈금 0에 맞춥니다.

② 다른 쪽 끝에 있는 줄자의 눈금을 읽습니다.

3 단원

줄자를 사용하면 편리한 경우

길이가 길어.

휘어져.

✏️ 줄자는 길이가 긴 물건의 길이나 물건의 둘레의 길이를 재는 데 사용하면 편리합니다.

1

이해

털실의 길이는 몇 cm일까요?

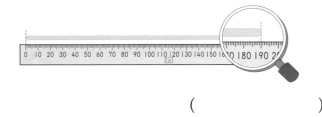

( )

2

32쪽

이해

크리스마스트리의 높이는 몇 m 몇 cm일까요?

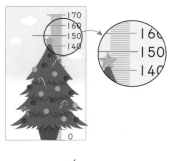

( )

3

적용

액자의 긴 쪽의 길이를 바르게 설명한 것을 찾아 기호를 쓰세요.

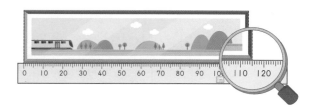

⊙ 액자의 긴 쪽의 길이는 115 cm입니다.
⊙ 액자의 긴 쪽의 길이는 11 m 5 cm입니다.

( )

4

32쪽

추론

길이가 약 2 m인 물건을 모두 찾아 기호를 쓰세요.

⊙ 우산의 길이　　⊙ 방문의 높이
⊙ 의자의 높이　　⊙ 옷장의 높이

( )

5

32쪽

적용

물건의 길이를 자로 재고, 잰 길이를 두 가지 방법으로 나타낸 것입니다. 빈칸에 알맞게 써넣으세요.

물건	□ cm	□ m □ cm
책장의 높이	165 cm	
창문의 높이		2 m 30 cm

6

32쪽

의사 소통

침대의 긴 쪽의 길이를 잘못 잰 이유를 바르게 설명한 사람은 누구입니까?

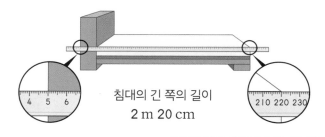

침대의 긴 쪽의 길이
2 m 20 cm

눈금을 잘못 읽었어.
침대의 긴 쪽의 길이는
2 m 2 cm야.

종욱

길이를 잘못 재었어.
자의 눈금이 5부터
시작되어서 2 m 20 cm
가 아니야.

서연

( )

조금 더 **어려운** 문제에 도전해 볼까요?

7 33쪽   문제 해결 📋

길이가 더 긴 줄넘기의 기호를 쓰세요.

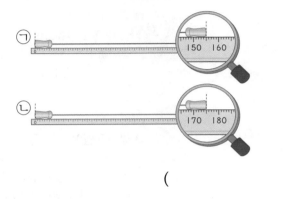

(   )

8 33쪽   추론 🧩

0부터 9까지의 수 중에서 □ 안에 들어갈 수 있는 수를 모두 구하세요.

> 5□4 cm > 5 m 68 cm

(   )

3 단원

⁺9 33쪽   **수학적 독해력**

수현이는 1 m 줄자로 거실에 있는 소파 긴 쪽의 길이를 재었더니 3번 재고 10 cm가 남았습니다. 수현이네 집에 있는 소파 긴 쪽의 길이는 몇 cm 일까요?

(   )

🔍 **독해 포인트**   1 m짜리 줄자로 ■번 잰 길이는 ■m입니다.

⁺10 33쪽   **수학적 표현력**

㉮, ㉯, ㉰ 세 철사의 길이를 줄자를 사용하여 잰 것입니다. 길이가 가장 긴 철사는 어느 것인지 말해 보세요.

> ㉮ 3 미터 35 센티미터
> ㉯ 305 cm
> ㉰ 3 m 52 cm

세 철사의 길이를 모두 cm로 바꾸면

㉮는 [   ] cm이고, ㉰는 [   ] cm입니다.

[   ] cm > [   ] cm > 305 cm이므로

길이가 가장 긴 철사는 [   ] 입니다.

💬 **오늘 공부**

어땠나요?   10개 중 맞힌 문제 [   ] 개   >   **틀린 문제**는 힌트를 보고 다시 도전해 보세요.   >   **맞힌 문제**는 힌트를 보고 자신의 생각과 비교해 보세요.

17일 길이의 합 구하기

❶ 길이의 합 구하기

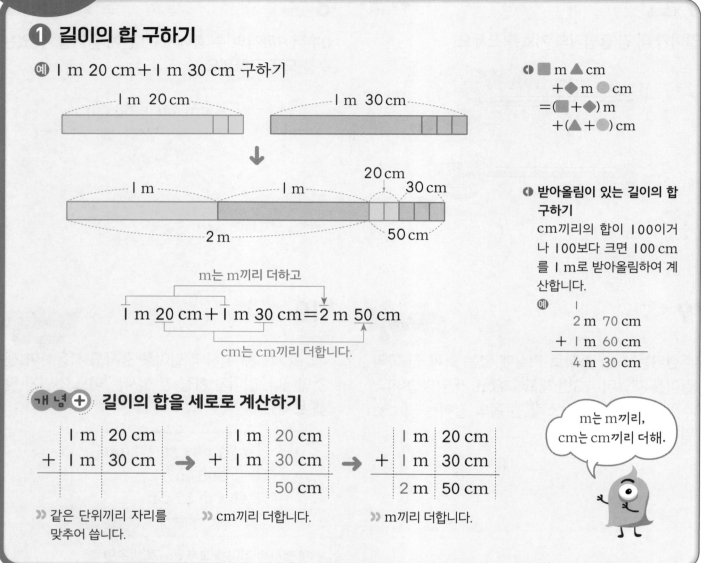

예 1 m 20 cm + 1 m 30 cm 구하기

▷ ■ m ▲ cm
  + ◆ m ● cm
= (■ + ◆) m
  + (▲ + ●) cm

m는 m끼리 더하고

1 m 20 cm + 1 m 30 cm = 2 m 50 cm

cm는 cm끼리 더합니다.

▷ 받아올림이 있는 길이의 합 구하기

cm끼리의 합이 100이거나 100보다 크면 100 cm를 1 m로 받아올림하여 계산합니다.

예
$$\begin{array}{r} \quad\;\;1 \\ 2\,m\;\;70\,cm \\ +\;1\,m\;\;60\,cm \\ \hline 4\,m\;\;30\,cm \end{array}$$

개념 ➕ 길이의 합을 세로로 계산하기

	1 m	20 cm
+	1 m	30 cm

→

	1 m	20 cm
+	1 m	30 cm
		50 cm

→

	1 m	20 cm
+	1 m	30 cm
	2 m	50 cm

》 같은 단위끼리 자리를 맞추어 씁니다.

》 cm끼리 더합니다.

》 m끼리 더합니다.

m는 m끼리, cm는 cm끼리 더해.

확인 1 그림을 보고 □ 안에 알맞은 수를 써넣으세요.

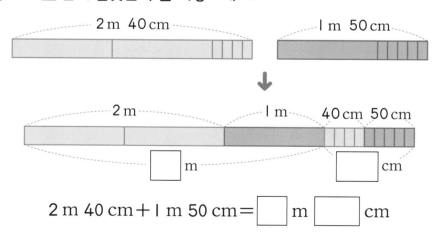

2 m 40 cm + 1 m 50 cm = □ m □ cm

기본기 다지는 교과서 문제

1 □ 안에 알맞은 수를 써넣으세요.

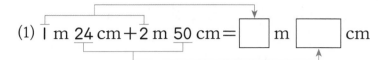

(1) 1 m 24 cm + 2 m 50 cm = □ m □ cm

(2) 3 m 20 cm + 5 m 33 cm = □ m □ cm

개념 따라쓰기

길이의 합 구하기

■ m ▲ cm + ◆ m ● cm
= (■+◆) m + (▲+●) cm

✎ m는 m끼리,
cm는 cm끼리 더합니다.

3단원

2 □ 안에 알맞은 수를 써넣으세요.

(1)
```
    2 m  42 cm
+   2 m  35 cm
    □ m  □ cm
```

(2)
```
    7 m  23 cm
+   1 m   5 cm
    □ m  □ cm
```

길이의 합을 세로로 계산하기

```
    ■ m      ▲ cm
+   ◆ m      ● cm
  (■+◆) m  (▲+●) cm
```

✎ 같은 단위끼리 자리를 맞추
어 쓴 다음 m는 m끼리,
cm는 cm끼리 더합니다.

3 종이테이프의 전체 길이는 몇 m 몇 cm일까요?

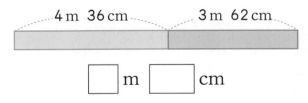

4 m 36 cm   3 m 62 cm

□ m □ cm

1

계산

□ 안에 알맞은 수를 써넣으세요.

```
    4  m  12  cm
+   2  m  27  cm
─────────────────
    □  m  □   cm
```

4 [34쪽]

이해

계산이 **잘못된** 곳을 찾아 바르게 계산해 보세요.

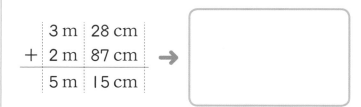

2

의사 소통

서준이와 슬기가 가지고 있는 털실의 길이는 모두 몇 m 몇 cm일까요?

내 털실의 길이는 5 m 46 cm야.

내 털실의 길이는 4 m 25 cm야.

서준

슬기

(   )

5 [34쪽]

적용

□ 안에 알맞은 수를 써넣으세요.

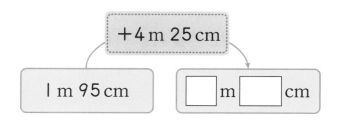

+4 m 25 cm

1 m 95 cm

□ m □ cm

3 [34쪽]

계산

길이가 긴 것부터 차례로 기호를 쓰세요.

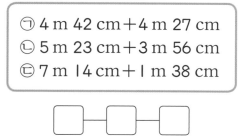

㉠ 4 m 42 cm + 4 m 27 cm
㉡ 5 m 23 cm + 3 m 56 cm
㉢ 7 m 14 cm + 1 m 38 cm

□ — □ — □

6 [34쪽]

문제 해결

집에서 학교를 거쳐 서점까지 가는 거리는 몇 m 몇 cm일까요?

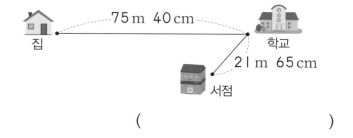

집   75 m 40 cm   학교

21 m 65 cm

서점

(   )

조금 더 **어려운 문제**에 도전해 볼까요?

7 35쪽

창의 융합

●와 ▲에 알맞은 수를 각각 구하세요.

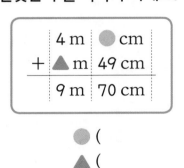

$$\begin{array}{r} 4\ \text{m}\ \ ●\ \text{cm} \\ +\ ▲\ \text{m}\ 49\ \text{cm} \\ \hline 9\ \text{m}\ 70\ \text{cm} \end{array}$$

● ( )

▲ ( )

8 35쪽

추론

□ 안에 들어갈 수 있는 가장 작은 수를 구하세요

$$3\ \text{m}\ 52\ \text{cm} + 2\ \text{m}\ 60\ \text{cm} < □\ \text{m}$$

( )

3단원

⁺9 35쪽

수학적 독해력

윤하는 길이가 7 m 37 cm인 리본을 가지고 있고 민호는 윤하보다 I m I4 cm 더 긴 리본을 가지고 있습니다. 민호가 가지고 있는 리본의 길이는 몇 m 몇 cm일까요?

( )

🔍 **독해 포인트** '더 긴 리본'은 길이의 합을 나타내므로 덧셈식을 이용하여 구합니다.

⁺10 35쪽

수학적 표현력

가장 긴 길이와 가장 짧은 길이의 합은 몇 m 몇 cm인지 구하세요.

| 4 m 7 cm | 429 cm | 4 m 23 cm |

가장 긴 길이는 [ ] cm, 가장 짧은 길이는 [ ] m [ ] cm입니다.

429 cm = [ ] m [ ] cm이므로 두 길이의 합은 [ ] m [ ] cm입니다.

오늘 공부

어땠나요?

10개 중 맞힌 문제 [ ] 개 > **틀린 문제**는 힌트를 보고 다시 도전해 보세요. > **맞힌 문제**는 힌트를 보고 자신의 생각과 비교해 보세요.

18일 길이의 차 구하기

❶ 길이의 차 구하기

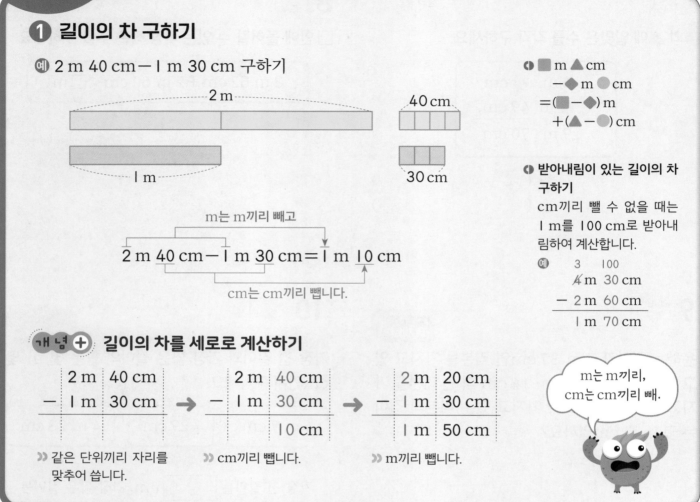

예 2 m 40 cm − 1 m 30 cm 구하기

2 m

1 m

40 cm

30 cm

m는 m끼리 빼고

$$2 \text{ m } 40 \text{ cm} - 1 \text{ m } 30 \text{ cm} = 1 \text{ m } 10 \text{ cm}$$

cm는 cm끼리 뺍니다.

❶ ■ m ▲ cm
− ◆ m ● cm
= (■−◆) m
+ (▲−●) cm

❶ 받아내림이 있는 길이의 차 구하기
cm끼리 뺄 수 없을 때는 1 m를 100 cm로 받아내림하여 계산합니다.

예
```
      3   100
      4 m  30 cm
   −  2 m  60 cm
   ─────────────
      1 m  70 cm
```

개념 ➕ 길이의 차를 세로로 계산하기

```
    2 m  40 cm        2 m  40 cm        2 m  20 cm
  − 1 m  30 cm      − 1 m  30 cm      − 1 m  30 cm
  ────────────  →   ────────────  →   ────────────
                         10 cm             1 m  50 cm
```

》 같은 단위끼리 자리를 맞추어 씁니다.

》 cm끼리 뺍니다.

》 m끼리 뺍니다.

m는 m끼리, cm는 cm끼리 빼.

확인 ❶ 그림을 보고 □ 안에 알맞은 수를 써넣으세요.

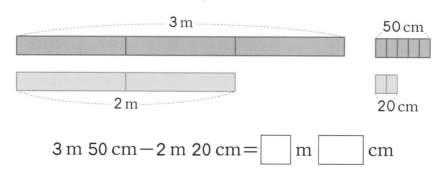

3 m

2 m

50 cm

20 cm

3 m 50 cm − 2 m 20 cm = □ m □ cm

기본기 다지는 교과서 문제

1 □ 안에 알맞은 수를 써넣으세요.

(1) 3 m 70 cm − 2 m 40 cm = □ m □ cm

(2) 7 m 80 cm − 4 m 40 cm = □ m □ cm

개념 따라쓰기

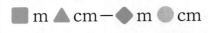

길이의 차 구하기

■ m ▲ cm − ◆ m ● cm
= (■−◆) m + (▲−●) cm

✎ m는 m끼리,
cm는 cm끼리 뺍니다.

3 단원

2 □ 안에 알맞은 수를 써넣으세요.

(1)
```
    8  m  65  cm
 −  2  m  23  cm
 ───────────────
    □  m  □  cm
```

(2)
```
    9  m  43  cm
 −  6  m   9  cm
 ───────────────
    □  m  □  cm
```

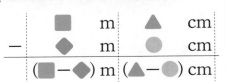

길이의 차를 세로로 계산하기

```
    ■  m  ▲  cm
 −  ◆  m  ●  cm
 ──────────────────
 (■−◆) m (▲−●) cm
```

✎ 같은 단위끼리 자리를 맞추어 쓴 다음 m는 m끼리,
cm는 cm끼리 뺍니다.

3 사용한 색 테이프의 길이는 몇 m 몇 cm인지 구하세요.

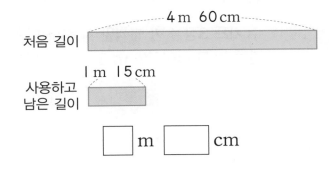

처음 길이 ⌒ 4 m 60 cm

사용하고
남은 길이 1 m 15 cm

□ m □ cm

스스로 풀어내는 도전 10 문제

막힐 땐 힌트북

1 36쪽   계산 ＋－×÷

관계있는 것끼리 선으로 이어 보세요.

5 m 38 cm －2 m 23 cm	•	•	3 m 13 cm

		•	3 m 15 cm

7 m 54 cm －4 m 41 cm	•	•	3 m 25 cm

2   적용

□ 안에 알맞은 수를 써넣으세요.

－2 m 36 cm

5 m 97 cm → □ m □ cm

3   적용

길이가 더 긴 것에 ○표 하세요.

4 m 51 cm ( )

6 m 68 cm－2 m 19 cm ( )

4 36쪽   추론

□ 안에 알맞은 수를 써넣으세요.

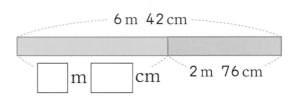

6 m 42 cm

□ m □ cm   2 m 76 cm

5 36쪽   문제 해결

길이가 3 m 88 cm인 고무줄을 양쪽에서 잡아당 겼더니 4 m 35 cm가 되었습니다. 처음보다 고무 줄이 몇 cm 늘었을까요?

( )

6 36쪽   창의 융합

수 카드 3장을 한 번씩만 사용하여 가장 긴 길이를 만들고, 그 길이와 6 m 32 cm의 차를 구하세요.

5   7   9

가장 긴 길이: □ m □ □ cm

차 ( )

» 정답 · 풀이 20쪽

조금 더 **어려운 문제**에 도전해 볼까요?

7 37쪽　　　　　　　　창의 융합

4개의 리본을 겹치지 않게 2개씩 이어 붙여 길이가 같은 리본 두 개를 만들었습니다. 리본 ㉠의 길이는 몇 m 몇 cm인지 구하세요.

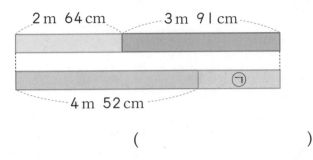

(　　　　　　　　　　　)

8 37쪽　　　　　　　　　문제 해결

서연이는 학교에서 출발하여 문구점에 들렀다가 집에 갔습니다. 서연이가 움직인 거리는 몇 m 몇 cm일까요?

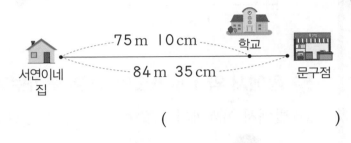

(　　　　　　　　　　　)

+9 37쪽　　　　　　　　　수학적 독해력

영민이는 매일 아빠와 함께 줄넘기를 합니다. 아빠의 줄넘기의 길이는 2 m 60 cm이고 영민이의 줄넘기의 길이는 아빠의 줄넘기의 길이보다 1 m 10 cm 더 짧습니다. 영민이의 줄넘기의 길이는 몇 m 몇 cm일까요?

(　　　　　　　　　　　)

🔍 **독해 포인트** '더 짧다'는 것은 길이의 차를 나타내므로 뺄셈식을 이용하여 구합니다.

+10 37쪽　　　　　　　　수학적 표현력

슬기와 종욱이가 각자 어림하여 4 m 40 cm가 되도록 끈을 잘랐습니다. 자른 끈의 길이가 4 m 40 cm에 더 가까운 친구는 누구인지 말해 보세요.

이름	끈의 길이
슬기	4 m 30 cm
종욱	4 m 55 cm

두 사람이 자른 끈의 길이와

4 m 40 cm의 길이의 차를 각각 구하면

슬기: 4 m 40 cm − 4 m 30 cm = ☐ cm

종욱: 4 m 55 cm − 4 m 40 cm = ☐ cm

따라서 자른 끈의 길이가 4 m 40 cm에 더 가까운

친구는 길이의 차가 더 작은 ☐ 입니다.

오늘 공부

어땠나요?　　　10개 중 맞힌 문제 ☐ 개　　> **틀린 문제**는 힌트를 보고 다시 도전해 보세요.　　> **맞힌 문제**는 힌트를 보고 자신의 생각과 비교해 보세요.

19일 길이 어림하기

❶ 몸의 일부를 이용하여 1 m 재어 보기

① 뼘으로 약 7뼘입니다.

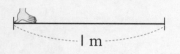

1 m

② 걸음으로 약 2걸음입니다.

1 m

◑ 1 m가 자신의 몸의 일부로 몇 번인지 알면 길이를 어림할 수 있습니다.

❷ 몸에서 약 1 m가 되는 부분 찾아보기

① 발에서 어깨까지의 길이

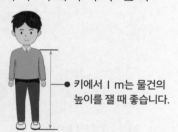

➡ 키에서 1 m는 물건의 높이를 잴 때 좋습니다.

② 양팔을 벌린 길이

➡ 양팔을 벌린 길이에서 1 m는 긴 길이를 여러번 잴 때 좋습니다.

◑ 길이가 약 1 m인 단위로 물건의 길이를 잰 횟수가 ■번이면 물건의 길이는 약 ■ m라고 어림할 수 있습니다.

개념 ➕ 여러 가지 방법으로 길이 어림하기

예 10 m인 길이 어림하기

- 한 걸음이 50 cm이므로 20걸음으로 어림할 수 있습니다.
- 축구 골대 긴 쪽이 5 m 정도라서 2배 정도로 어림할 수 있습니다.

확인 ❶ 슬기 동생의 키가 1 m일 때 나무와 신호등의 높이를 구하려고 합니다. □ 안에 알맞은 수를 써넣으세요.

(1) 나무의 높이는 슬기 동생의 키의 □배 정도이므로 약 □ m입니다.

(2) 신호등의 높이는 슬기 동생의 키의 □배 정도이므로 약 □ m입니다.

» 정답 · 풀이 21쪽

기본기 다지는 교과서 문제

1 로운이의 양팔을 벌린 길이가 1 m일 때 사물함 긴 쪽의 길이는 약 몇 m일까요?

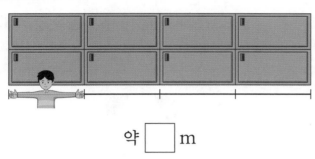

약 ☐ m

3 단원

개념 따라쓰기

몸의 일부를 이용하여 1 m 재어 보기

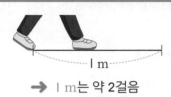

→ 1 m는 약 2걸음

✐ **1 m가 자신의 몸의 일부로 몇 번인지 알면** 길이를 어림할 수 있습니다.

2 실제 길이에 가까운 것을 찾아 선으로 이어 보세요.

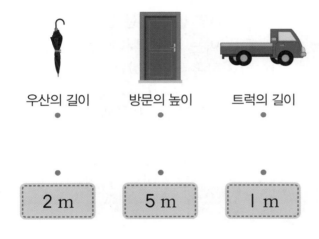

우산의 길이   방문의 높이   트럭의 길이

2 m   5 m   1 m

몸에서 1 m가 되는 부분 찾아 길이 어림하기

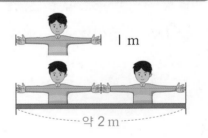

✐ **몸에서 1 m가 되는 부분을 이용하여** 물건의 길이를 어림할 수 있습니다.

3 주어진 1 m로 끈의 길이를 어림하였습니다. 어림한 끈의 길이는 약 몇 m일까요?

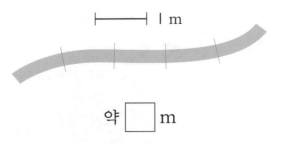

약 ☐ m

1

이해 !

키를 이용하여 주변에 있는 물건의 길이를 어림하여 다음에 해당하는 물건을 하나씩 찾아 쓰세요.

| 내 키보다 짧은 물건 | |
| 내 키보다 긴 물건 | |

2

적용

알맞은 길이를 골라 문장을 완성해 보세요.

| 130 cm   3 m   25 m   200 m |

(1) 농구대의 높이는 약 [ ] 입니다.

(2) 피아노의 높이는 약 [ ] 입니다.

(3) 수영장 긴 쪽의 길이는 약 [ ] 입니다.

3 📖38쪽

적용

길이가 5 m보다 긴 것을 모두 찾아 기호를 쓰세요.

> ㉠ 버스의 길이
> ㉡ 지팡이의 길이
> ㉢ 어른이 양팔을 벌린 길이
> ㉣ 테니스장 긴 쪽의 길이

( )

4 📖38쪽

추론

교실의 한쪽 벽면의 길이를 재려고 합니다. 다음 방법으로 잴 때 재는 횟수가 많은 것부터 차례로 기호를 쓰세요.

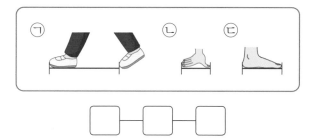

[ ] [ ] [ ]

5 📖38쪽

의사 소통

서준이의 한 걸음은 50 cm, 수현이의 양팔을 벌린 길이는 1 m입니다. 건물의 길이를 바르게 어림한 사람은 누구일까요?

> 서준: 건물 긴 쪽의 길이는 내 걸음으로 약 20걸음이니까 약 20 m야.
> 수현: 건물 짧은 쪽의 길이는 내 양팔을 벌린 길이로 약 7번이니까 약 7 m네.

( )

6 📖38쪽

문제 해결

화단 긴 쪽의 길이를 지혜의 걸음으로 재었더니 약 6걸음이었습니다. 지혜의 두 걸음이 1 m라면 화단 긴 쪽의 길이는 약 몇 m일까요?

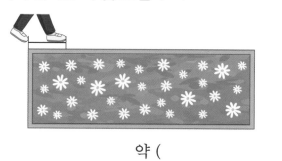

약 ( )

조금 더 **어려운 문제**에 도전해 볼까요?

7 📖 39쪽   창의 융합 🔆

한 사람씩 양팔을 벌린 길이가 약 130 cm입니다.
8 m에 더 가까운 모둠을 쓰세요.

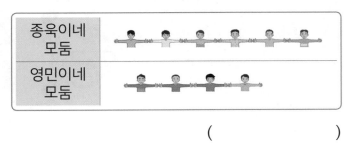

종욱이네 모둠	
영민이네 모둠	

(   )

8 📖 39쪽   추론 🧩

세 사람이 각각 출발선에서부터 12 m를 어림한
곳에 서 있습니다. 출발선에서 나무까지의 길이가
3 m일 때 12 m에 가장 가깝게 어림한 사람은 누
구일까요?

(   )

+9 📖 39쪽   수학적 독해력

민호의 한 뼘은 약 10 cm입니다. 민호의 뼘으로
식탁의 짧은 쪽의 길이를 재었더니 약 8뼘이었습
니다. 엄마의 한 뼘이 16 cm라면 엄마의 뼘으로
같은 길이를 재면 약 몇 뼘일까요?

약 (   )

🔍 **독해 포인트**   먼저 민호가 잰 식탁의 짧은 쪽의 길이가
약 몇 cm인지 어림해 보세요.

+10 📖 39쪽   수학적 표현력

교실의 짧은 쪽의 길이를 주하의 걸음으로 재었더
니 약 18걸음이었습니다. 주하의 두 걸음이 1 m
라면 교실의 짧은 쪽의 길이는 약 몇 m인지 말해
보세요.

약 18걸음은 두 걸음씩 약 ☐ 번입니다.

주하의 두 걸음이 약 1 m이고, 1 m의 약 ☐ 배는

약 ☐ m이므로 교실의 짧은 쪽의 길이는 약

☐ m입니다.

오늘 공부
어땠나요?   10개 중 맞힌 문제 ☐ 개 > ✖ **틀린 문제**는 힌트를 보고 다시 도전해 보세요. > 🔍 **맞힌 문제**는 힌트를 보고 자신의 생각과 비교해 보세요.

01 관계있는 것끼리 선으로 이어 보세요.

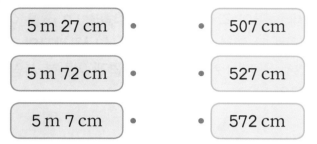

5 m 27 cm	•	•	507 cm
5 m 72 cm	•	•	527 cm
5 m 7 cm	•	•	572 cm

02 윤하는 길이가 2 m인 털실을 가지고 있습니다. 서준이는 윤하가 가지고 있는 털실보다 45 cm 더 긴 털실을 가지고 있습니다. 서준이가 가지고 있는 털실은 몇 cm일까요?

(   )

03 스탠드 조명의 높이는 몇 m 몇 cm일까요?

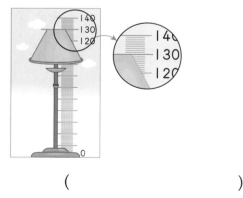

(   )

04 길이가 더 짧은 리본의 기호를 쓰세요.

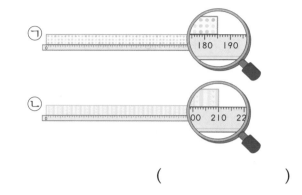

(   )

05 길이가 가장 긴 것의 기호를 쓰세요.

㉠ 2 m 18 cm＋3 m 52 cm
㉡ 4 m 45 cm＋1 m 29 cm
㉢ 2 m 73 cm＋2 m 84 cm

(   )

06 슬기네 집에서 도서관을 지나 편의점까지의 거리는 몇 m 몇 cm일까요?

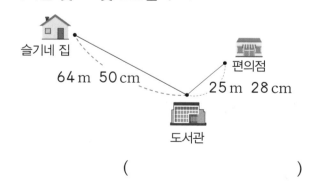

슬기네 집
편의점
64 m 50 cm
25 m 28 cm
도서관

(   )

07 □ 안에 알맞은 수를 써넣으세요.

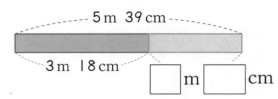

□ m □ cm

09 축구 골대의 긴 쪽의 길이를 민호의 걸음으로 재었더니 약 14걸음이었습니다. 민호의 두 걸음이 1 m라면 축구 골대의 긴 쪽의 길이는 약 몇 m일까요?

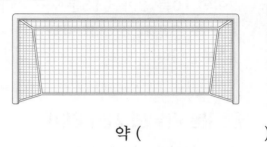

약 ( )

08 주어진 1 m로 밧줄의 길이를 어림하였습니다. 어림한 밧줄의 길이는 약 몇 m일까요?

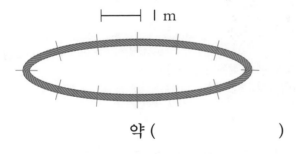

약 ( )

서술형

10 수 카드 3장을 한 번씩만 사용하여 가장 긴 길이를 만들고, 그 길이와 5 m 16 cm의 차는 몇 m 몇 cm인지 풀이 과정을 쓰고, 답을 구하세요.

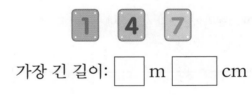

가장 긴 길이: □ m □ cm

〔풀이〕 _____

_____

_____

〔답〕 _____

20일 몇 시 몇 분 알아보기

❶ 5분 단위의 시각 읽기

시계의 긴바늘이 가리키는 숫자가 1이면 **5분**, 2이면 **10분**, 3이면 **15분**……을 나타냅니다. 오른쪽 그림의 시계가 나타내는 시각은 **7시 20분**입니다.

◖ 시계의 짧은바늘은 '시'를, 긴바늘은 '분'을 나타냅니다.

❷ 1분 단위의 시각 읽기

시계에서 긴바늘이 가리키는 작은 눈금 1칸은 1분을 나타냅니다. 오른쪽 그림의 시계가 나타내는 시각은 **10시 14분**입니다.

◖ 시계의 긴바늘이 가리키는 숫자를 분으로 나타내기

숫자	시각(분)
1	5
2	10
3	15
4	20
5	25
6	30
7	35
8	40
9	45
10	50
11	55
12	0

→ 시계의 긴바늘이 가리키는 숫자가 1씩 커질수록 5분씩 늘어납니다.

개념➕ 3시 23분을 시계에 나타내기

 →

》 짧은바늘은 3과 4 사이에서 3에 더 가깝게 가리키게 그립니다.

》 긴바늘은 4(20분)에서 작은 눈금 3칸을 더 간 곳을 가리키게 그립니다.

확인➊ 시계를 보고 □ 안에 알맞은 수를 써넣으세요.

(1) 짧은바늘은 □과 □ 사이에 있습니다.

(2) 긴바늘은 □를 가리킵니다.

(3) 시계가 나타내는 시각은 □시 □분입니다.

확인➋ 시계를 보고 □ 안에 알맞은 수를 써넣으세요.

(1) 짧은바늘은 □과 □ 사이에 있습니다.

(2) 긴바늘은 10에서 작은 눈금 □칸을 더 간 곳을 가리킵니다.

(3) 시계가 나타내는 시각은 □시 □분입니다.

기본기 다지는 교과서 문제

1 시각을 읽어 보세요.

(1)

[ ]시 [ ]분

(2)
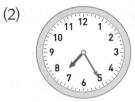

[ ]시 [ ]분

2 시계에 대한 설명입니다. 알맞은 말에 ○표 하세요.

(1)
시계의 긴바늘이 가리키는 숫자가 1씩 커질수록
(1분 , 5분)씩 늘어납니다.

(2)
시계의 긴바늘이 가리키는 작은 눈금 한 칸은
(1시간 , 1분)을 나타냅니다.

3 시각에 맞게 긴바늘을 그려 넣으세요.

(1) 4시 46분

(2) 8시 18분

✏️ **개념** 따라쓰기

5분 단위의 시각 읽기

8시 5분   8시 10분

✏️ 시계의 긴바늘이 가리키는
숫자가 1씩 커질수록 5분
씩 늘어납니다.

4단원

1분 단위의 시각 읽기

8시 1분

✏️ 시계의 긴바늘이 가리키는
작은 눈금 한 칸은 1분을
나타냅니다.

스스로 풀어내는 도전 10 문제

막힐 땐 힌트북

1 [40쪽]

이해

시계에서 각각의 숫자가 몇 분을 나타내는지 ○ 안에 써넣으세요.

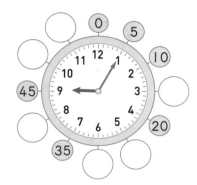

2 [40쪽]

이해

시각을 읽어 보세요.

(1)

☐ 시 ☐ 분

(2)

☐ 시 ☐ 분

3

의사 소통

민호와 지혜가 본 시계의 시각을 쓰세요.

짧은바늘은 2와 3 사이를 가리키고 있어.

긴바늘은 8에서 작은 눈금 3칸을 더 간 곳을 가리키고 있어.

민호

지혜

☐ 시 ☐ 분

4

이해

같은 시각을 나타내는 것끼리 선으로 이어 보세요.

•

• 12시 49분

•

• 4시 5분

•

• 6시 27분

5 [40쪽]

추론

민준이는 거울에 비친 시계를 보았습니다. 이 시계가 나타내는 시각은 몇 시 몇 분일까요?

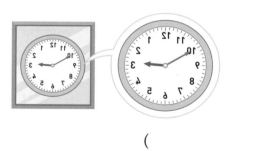

( )

6 [40쪽]

적용

왼쪽 시계가 나타내는 시각에 맞게 시계에 바늘을 그려 넣으세요.

조금 더 **어려운 문제**에 도전해 볼까요?

7 `41쪽`

추론

거울에 비친 시계가 나타내는 시각을 쓰세요.

(   )

8 `41쪽`

의사 소통

현아는 몇 시 몇 분에 어떤 일을 하였는지 □ 안에 알맞은 수나 말을 써넣으세요.

현아는 □ 시 □ 분에 □ 를 하였습니다.

+9 `41쪽`

수학적 독해력

다음에 설명하는 시계가 나타내는 시각은 몇 시 몇 분일까요?

- 시계의 짧은바늘이 8과 9 사이를 가리키고 있습니다.
- 긴바늘이 9에서 작은 눈금으로 1칸 덜 간 곳을 가리키고 있습니다.

(   )

🔍 **독해 포인트** 시계의 긴바늘이 9에서 작은 눈금으로 1칸 덜 간 곳은 8에서 작은 눈금으로 몇 칸 더 간 곳인지 생각해 보세요.

+10 `41쪽`

수학적 표현력

윤하가 시각을 잘못 읽은 이유를 쓰고, 시각을 바르게 읽어 보세요.

12시 11분이네.

윤하

[잘못 읽은 이유] 시계의 긴바늘이 가리키는 11을

□ 분이 아니라 □ 분이라고 읽었기 때문입니다.

[바르게 읽기] □ 시 □ 분

오늘 공부

어땠나요?

10개 중 맞힌 문제 □ 개

 틀린 문제는 힌트를 보고 다시 도전해 보세요. >

 맞힌 문제는 힌트를 보고 자신의 생각과 비교해 보세요.

여러 가지 방법으로 시각 읽기

❶ 몇 시 몇 분 전 알아보기

- 4시 55분입니다.
- 5시가 되려면 5분이 더 지나야 합니다.
  → **5시 5분 전**이라고도 합니다.

$$4시 55분 = 5시 5분 전$$

◑ ■시를 기준으로 시계 반대 방향으로 작은 눈금 ▲칸을 이동하면 ■시 ▲분 전입니다.

◑ 6시 10분 전을 시계에 나타내기
6시 10분 전은 6시가 되기 10분 전의 시각과 같으므로 5시 50분으로 시계에 나타냅니다.

6시 10분 전=5시 50분

개념➕ 여러 가지 방법으로 시각 읽기

시각은 '몇 시 몇 분'과 '몇 시 몇 분 전'의 두 가지 방법으로 읽을 수 있습니다.

5시	4시 55분	4시 50분	4시 45분
	=	=	=
	5시 5분 전	5시 10분 전	5시 15분 전

확인▶1 시계를 보고 □ 안에 알맞은 수를 써넣으세요.

(1) 시계가 나타내는 시각은 □시 □분입니다.

(2) 9시가 되려면 □분이 더 지나야 합니다.

(3) 이 시각은 □시 □분 전입니다.

확인▶2 3시 15분 전을 시계에 나타내려고 합니다. □ 안에 알맞은 수를 써넣고 시각에 맞추어 긴바늘을 그려 넣으세요.

$$3시 15분 전은 2시 □분입니다.$$

3시 15분 전

공부한 날   월   일

여러 가지 방법으로 시각 읽기

❶ 몇 시 몇 분 전 알아보기

- 4시 55분입니다.
- 5시가 되려면 5분이 더 지나야 합니다.
  → **5시 5분 전**이라고도 합니다.

$$4시 55분 = 5시 5분 전$$

◑ ■시를 기준으로 시계 반대 방향으로 작은 눈금 ▲칸을 이동하면 ■시 ▲분 전입니다.

◑ 6시 10분 전을 시계에 나타내기
6시 10분 전은 6시가 되기 10분 전의 시각과 같으므로 5시 50분으로 시계에 나타냅니다.

6시 10분 전=5시 50분

개념➕ 여러 가지 방법으로 시각 읽기

시각은 '몇 시 몇 분'과 '몇 시 몇 분 전'의 두 가지 방법으로 읽을 수 있습니다.

5시	4시 55분 = 5시 5분 전	4시 50분 = 5시 10분 전	4시 45분 = 5시 15분 전

확인▶1 시계를 보고 □ 안에 알맞은 수를 써넣으세요.

(1) 시계가 나타내는 시각은 □시 □분입니다.

(2) 9시가 되려면 □분이 더 지나야 합니다.

(3) 이 시각은 □시 □분 전입니다.

확인▶2 3시 15분 전을 시계에 나타내려고 합니다. □ 안에 알맞은 수를 써넣고 시각에 맞추어 긴바늘을 그려 넣으세요.

$$3시 15분 전은 2시 □분입니다.$$

3시 15분 전

094 · 힌트북 초등수학 2-2

기본기 다지는 교과서 문제

1 시각을 두 가지 방법으로 읽어 보세요.

(1)

☐ 시 ☐ 분

☐ 시 ☐ 분 전

(2)

☐ 시 ☐ 분

☐ 시 ☐ 분 전

✏️ **개념** 따라쓰기

{ 여러 가지 방법으로 시각 읽기

7시 50분
=
8시 10분 전

✏️ 시각은 '몇 시 몇 분'과 '몇 시 몇 분 전'의 두 가지 방법으로 읽을 수 있습니다.

4단원

2 시각에 맞게 긴바늘을 그려 넣으세요.

(1) 8시 15분 전

(2) 4시 5분 전

3 같은 시각을 나타내는 것끼리 선으로 이어 보세요.

• • •

• • •

| 12시 10분 전 | 2시 15분 전 | 3시 5분 전 |

1 📖 42쪽

이해 💭

시각을 읽어 보세요.

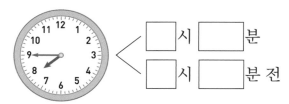

☐ 시 ☐ 분

☐ 시 ☐ 분 전

2

이해 💭

☐ 안에 알맞은 수를 써넣으세요.

(1) 3시 50분은 4시 ☐ 분 전입니다.

(2) 6시 5분 전은 5시 ☐ 분입니다.

(3) 11시 45분은 ☐ 시 15분 전입니다.

(4) 9시 55분은 ☐ 시 ☐ 분 전입니다.

3 📖 42쪽

적용 🖱

같은 시각끼리 선으로 이어 보세요.

5시 45분	•	•	7시 5분 전
6시 55분	•	•	5시 10분 전
4시 50분	•	•	6시 15분 전

4

적용 🖱

9시 10분 전을 몇 시 몇 분으로 나타내고 시각에 맞게 긴바늘을 그려 넣으세요.

☐ 시 ☐ 분

5 📖 42쪽

의사 소통 🗨

시계를 보고 옳게 말한 사람을 찾아 ○표 하세요.

5시 11분을 나타내고 있어.

5시 5분 전이라고 말할 수 있어.

5시 55분이야.

영민   종욱   수현

(   )   (   )   (   )

6 📖 42쪽

추론 🧩

지금 시각은 12시 5분 전입니다. 이 시각의 긴바늘이 가리키는 숫자를 쓰세요.

(   )

» 정답·풀이 24쪽

조금 더 **어려운** 문제에 도전해 볼까요?

7 43쪽   문제 해결

현서는 3시 55분에 숙제를 끝마쳤고, 미성이는 4시 10분 전에 숙제를 끝마쳤습니다. 숙제를 더 일찍 끝마친 친구는 누구일까요?

(   )

8 43쪽   문제 해결

다음은 모두 같은 시각을 나타냅니다. ㉠과 ㉡의 합을 구하세요.

㉠시 45분  9시 ㉡분 전

(   )

4단원

⁺9 43쪽   **수학적 독해력**

일기를 읽고 ☐ 안에 알맞은 수를 써넣으세요.

> 날짜: ○월 ○○일 일요일   날씨: 맑음
>
> 나는 오늘 7시 30분에 아침 식사를 하고 가족들과 함께 민속촌으로 출발해 9시 10분 전에 도착하였다. 민속촌에 가서 민속놀이도 하면서 알차고 즐거운 하루를 보냈다.

민속촌에 도착한 시각: ☐ 시 ☐ 분

🔍 **독해 포인트**   9시 10분 전은 9시가 되기 10분 전의 시각과 같습니다.

⁺10 43쪽   **수학적 표현력**

다음 시각을 다른 방법으로 읽어 보세요.

6시 45분은 7시가 되려면 ☐ 분이 더 지나야 하는 시각이므로 ☐ 시 ☐ 분 전이라고 읽을 수 있습니다.

오늘 공부 어땠나요?

10개 중 맞힌 문제 ☐ 개 >

 틀린 문제는 힌트를 보고 다시 도전해 보세요. >

 맞힌 문제는 힌트를 보고 자신의 생각과 비교해 보세요.

22 일

1시간 알아보기

❶ 1시간 알아보기

시계의 긴 바늘이 한 바퀴 도는 데 **60분**의 시간이 걸립니다.
60분은 1시간입니다.

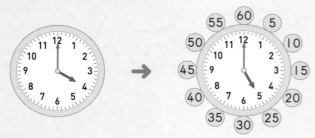

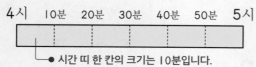

└─● 시간 띠 한 칸의 크기는 10분입니다.

1시간=60분

◖ **1시간**
  ① 긴바늘이 시계를 한 바퀴 도는 데 걸린 시간
  ② 짧은바늘이 수 사이를 1칸 움직이는 데 걸린 시간

◖ **시각과 시간**
시각과 시각 사이를 시간이라고 합니다.

5시   6시
시각   시각

❷ 걸린 시간 구하기

숙제를 시작한 시각   숙제를 끝낸 시각

→ 숙제를 하는 데 걸린 시간은 1시간 20분=<u>80분</u>입니다.
  └─● 1시간 20분=60분+20분=80분

◖ **시간과 분의 관계**
  예 · 1시간 25분
      =60분+25분
      =85분

    · 130분
      =60분+60분+10분
      =2시간 10분

확인─❶ □ 안에 알맞은 수를 써넣으세요.

(1) 60분=□시간

(2) 180분=60분+60분+60분=□시간

(3) 1시간 30분=□분+30분
              =□분

확인─❷ 두 시계를 보고 시간이 얼마나 흘렀는지 시간 띠에 나타내어 구하세요.

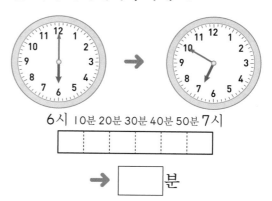

6시 10분 20분 30분 40분 50분 7시

→ □분

기본기 다지는 교과서 문제

1 □ 안에 알맞은 수를 써넣으세요.

(1) 120분 = □ 시간

(2) 2시간 40분 = □ 분

(3) 3시간 = □ 분

(4) 200분 = □ 시간 □ 분

개념 따라쓰기

{ **1시간 알아보기**

✎ · 시계의 긴바늘이 한 바퀴 도는 데 <u>**60**</u>분의 시간이 걸립니다.

· <u>**60**분은 **1**시간</u>입니다.

---

2 민호가 영화를 보는 데 걸린 시간은 몇 시간 몇 분인지 시간 띠에 나타내어 구하세요.

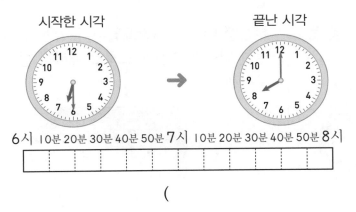

시작한 시각 → 끝난 시각

6시 10분 20분 30분 40분 50분 7시 10분 20분 30분 40분 50분 8시

( )

{ **시각과 시간 알아보기**

5시 [시각] →1시간[시간]→ 6시 [시각]

✎ <u>시각과 시각 사이를 시간이라고 합니다.</u>

---

3 두 시계를 보고 시간이 얼마나 흘렀는지 시간 띠에 나타내어 구하세요.

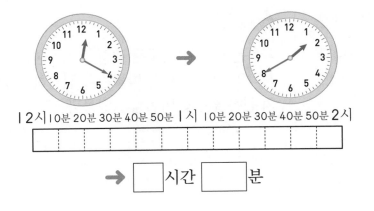

12시 10분 20분 30분 40분 50분 1시 10분 20분 30분 40분 50분 2시

→ □ 시간 □ 분

1

이해 (!)

로운이가 하루에 운동하는 시간은 몇 시간 몇 분일까요?

난 하루에 85분씩 운동을 해.

로운

( )

2

이해 (!)

미소가 독서를 하는 데 걸린 시간은 몇 시간 몇 분인지 시간 띠에 나타내어 구하세요.

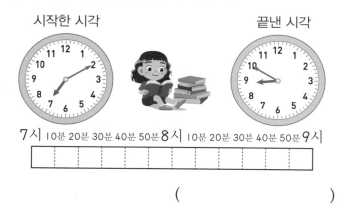

시작한 시각

끝낸 시각

7시 10분 20분 30분 40분 50분 8시 10분 20분 30분 40분 50분 9시

( )

3 44쪽

문제 해결

가 영화와 나 영화의 상영 시간은 다음과 같습니다. 어느 영화의 상영 시간이 더 길까요?

| 가 영화 | 1시간 45분 |
| 나 영화 | 100분 |

( )

4 44쪽

문제 해결

종욱이는 2시 30분에 집에서 출발하여 5시 20분에 할아버지 댁에 도착했습니다. 종욱이가 집에서부터 할아버지 댁까지 가는 데 걸린 시간은 몇 시간 몇 분일까요?

( )

5 44쪽

문제 해결

부산행 버스의 시간표입니다. 서울에서 8시에 출발한 버스가 부산에 도착할 때까지 걸리는 시간을 구하세요.

🚌 부산행	
도착지	도착 시각
대전	9시 50분
대구	11시 40분
부산	12시 50분

( )

6 44쪽

추론

다음은 민호가 박물관 관람을 시작한 시각과 끝낸 시각입니다. 민호가 박물관을 관람하는 동안 시계의 긴바늘은 몇 바퀴를 돌았을까요?

| 3 : 45 | | 7 : 45 |

( )

» 정답·풀이 25쪽

7 [45쪽] 추론

수현이는 2시간 10분 동안 영화를 보았습니다. 영화가 끝난 시각이 3시 25분이라면 영화가 시작한 시각은 몇 시 몇 분일까요?

( )

8 [45쪽] 문제 해결

축구 경기의 전반전이 2시에 시작되었습니다. 후반전이 끝난 시각은 몇 시 몇 분인지 구하세요.

전반전 경기 시간	45분
휴식 시간	15분
후반전 경기 시간	45분

( )

4단원

+9 [45쪽] 수학적 독해력

주하네 학교의 수업 시간은 40분이고 쉬는 시간은 10분입니다. 오전 9시 10분에 1교시 수업을 시작할 때 3교시 수업을 시작하는 시각은 몇 시 몇 분일까요?

	시작	끝
1교시	9시 10분	9시 50분
쉬는 시간	9시 50분	10시
2교시	10시	
쉬는 시간		

( )

🔍 **독해 포인트** 2교시 수업 후 쉬는 시간이 끝나는 시각과 3교시 수업을 시작하는 시각은 같습니다.

+10 [45쪽] 수학적 표현력

영민이가 수영을 시작한 시각과 끝낸 시각을 나타낸 것입니다. 수영을 하는 데 걸린 시간은 몇 시간 몇 분인지 구하세요.

시작한 시각   끝낸 시각

수영을 시작한 시각은 ☐시 ☐분이고, 끝낸

시각은 ☐시 ☐분입니다.

따라서 영민이가 수영을 하는 데 걸린 시간은

☐시간 ☐분입니다.

오늘 공부

어땠나요?   10개 중 맞힌 문제 ☐ 개

✖ **틀린 문제**는 힌트를 보고 다시 도전해 보세요.

◉ **맞힌 문제**는 힌트를 보고 자신의 생각과 비교해 보세요.

23일 하루의 시간 알아보기

❶ 하루의 시간 알아보기

하루는 **24시간**입니다.

$$1일＝24시간$$

● 1일＝24시간
2일＝48시간
3일＝72시간
⋮
→ 1일씩 늘어날 때마다
24시간씩 늘어납니다.

❷ 오전과 오후 알아보기

전날 밤 12시부터 낮 12시까지를 **오전**이라 하고
낮 12시부터 밤 12시까지를 **오후**라고 합니다.

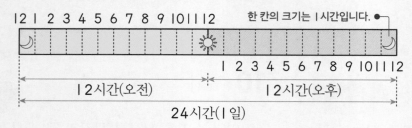

한 칸의 크기는 1시간입니다. ●

12시간(오전)   12시간(오후)
24시간(1일)

● 오전이 12시간이고 오후가
12시간이므로 하루는 모두
24시간입니다.

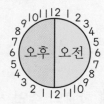

개념➕ 하루의 시간과 시곗바늘의 관계

① 시계의 짧은바늘은 하루에 시계를 2바퀴 돕니다.
② 시계의 긴바늘은 하루에 시계를 24바퀴 돕니다.

확인❶ □ 안에 알맞은 수를 써넣으세요.

(1) 1일＝□시간

(2) 26시간＝24시간＋□시간

   ＝□일 □시간

(3) 2일 3시간＝24시간＋24시간＋□시간

   ＝□시간

(4) 96시간

   ＝24시간＋24시간＋24시간＋□시간

   ＝□일

확인❷ □ 안에 오전 또는 오후를 알맞게 써넣
으세요.

(1) 수현이는 □ 9시에 학교 수업을 시
작하였습니다.

(2) 주하는 □ 7시에 저녁 식사를 하였
습니다.

(3) 영민이는 □ 10시에 잠자리에 들었
습니다.

» 정답 · 풀이 26쪽

기본기 다지는 교과서 문제

1 □ 안에 알맞은 수를 써넣으세요.

(1) 2일 = [ ] 시간

(2) 42시간 = [ ] 일 [ ] 시간

(3) 3일 5시간 = [ ] 시간

(4) 120시간 = [ ] 일

2 ( ) 안에 오전과 오후를 알맞게 써넣으세요.

(1) 저녁 7시 (   )

(2) 아침 10시 (   )

(3) 낮 3시 (   )

(4) 밤 9시 (   )

3 서연이가 그림을 그리기 시작한 시각과 끝낸 시각을 나타낸 것입니다. 그림을 그린 시간을 시간 띠에 나타내어 구하세요.

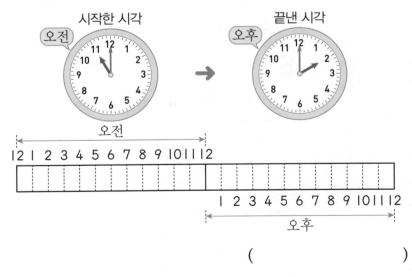

(   )

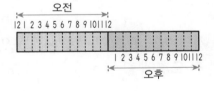
4단원

스스로 풀어내는 도전 10 문제

막힐 땐 힌트북

1 📖 46쪽 이해 💭

잘못된 것을 찾아 기호를 쓰세요.

> ㉠ 1일 5시간 = 29시간
> ㉡ 40시간 = 1일 16시간
> ㉢ 3일 = 36시간
> ㉣ 50시간 = 2일 2시간

( )

2 이해 💭

□ 안에 오전과 오후를 알맞게 써넣으세요.

> 놀이동산에 □ 10시에 입장해서
> 신나게 놀고 □ 5시에 나왔습니다.

3 📖 46쪽 적용 👆

슬기의 어느 토요일 생활 계획표입니다. 숙제를 하기 전 오후에 할 일은 무엇인지 모두 쓰세요.

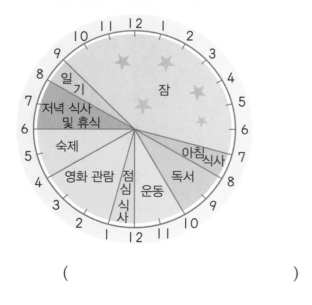

( )

4 📖 46쪽 추론 🧩

종욱이가 등산을 시작한 시각과 끝낸 시각을 나타낸 것입니다. 등산을 한 시간은 몇 시간 몇 분인지 구하세요.

( )

[5~6] 서준이네 가족의 여행 일정표를 보고 물음에 답하세요.

	시간	일정
첫째 날	7:00 ~ 9:50	속초로 이동
	9:50 ~ 12:00	둘레길
	12:00 ~ 1:00	점심 식사
	1:00 ~ 6:00	해수욕
	6:00 ~ 9:00	저녁 식사 및 자유 시간
	⋮	
둘째 날	7:00 ~ 8:00	아침 식사
	8:00 ~ 12:00	산악박물관 체험
	12:00 ~ 1:20	점심 식사
	1:20 ~ 3:30	호숫길 탐방
	3:30 ~ 7:00	집으로 이동

5 이해 💭

서준이네 가족이 해수욕을 하였을 때는 오전과 오후 중 언제일까요?

( )

6 📖 46쪽 문제 해결 👉

서준이네 가족이 여행을 하는 데 걸린 시간은 모두 몇 시간일까요?

( )

≫ 정답 · 풀이 27쪽

조금 더 **어려운 문제**에 도전해 볼까요?

7 47쪽   추론

오른쪽 시각에서 시곗바늘이 한 바퀴 돌았을 때 가리키는 시각은 몇 시 몇 분일까요?

(1) 긴바늘이 한 바퀴 돌았을 때

(오전 , 오후) ☐ 시 ☐ 분

(2) 짧은바늘이 한 바퀴 돌았을 때

(오전 , 오후) ☐ 시 ☐ 분

8 47쪽   문제 해결

로운이는 1시간 30분 동안 축구 경기를 하였습니다. 축구 경기가 끝난 시각이 오후 1시 10분이라면 축구 경기를 시작한 시각은 몇 시 몇 분일까요?

(오전 , 오후) ☐ 시 ☐ 분

4단원

+9 47쪽   수학적 독해력

서울이 오후 1시일 때 런던은 같은 날 오전 5시입니다. 서울과 런던의 시각 차이를 표로 완성하고, 서울이 오전 9시 40분일 때 런던의 시각은 몇 시 몇 분인지 구하세요.

서울	오후 1시	오후 3시	오후 5시	오후 7시	오후 9시
런던	오전 5시				

(   )

🔍 **독해 포인트** 런던은 서울보다 몇 시간 더 느린지 생각해 보세요.

+10 47쪽   수학적 표현력

서영이가 책을 읽기 시작한 시각과 끝낸 시각입니다. 서영이가 책을 읽은 시간을 말해 보세요.

서영이가 책을 읽기 시작한 시각은 오전 ☐ 시 ☐ 분이고, 끝낸 시각은 오후 ☐ 시 ☐ 분입니다. 따라서 서영이가 책을 읽은 시간은 ☐ 시간 ☐ 분입니다.

오늘 공부

어땠나요?   10개 중 맞힌 문제 ☐ 개   >   **틀린 문제**는 힌트를 보고 다시 도전해 보세요.   >   **맞힌 문제**는 힌트를 보고 자신의 생각과 비교해 보세요.

24일 달력 알아보기

① 달력 알아보기

1주일은 **7일**입니다.

1주일＝7일

9월

일	월	화	수	목	금	토
		1	2	3	4	5
6	7	8	9	10	11	12
13	14	15	16	17	18	19
20	21	22	23	24	25	26
27	28	29	30			

＋7일
＋7일
＋7일

● 색칠한 기간은 1주일입니다.

- 같은 가로줄에 있는 날짜는 같은 주입니다.
- 같은 세로줄에 있는 날짜는 같은 요일입니다.
- 같은 요일이 7일마다 반복됩니다.

◑ **1주일**
같은 요일이 돌아오는 데 걸리는 기간을 1주일이라고 합니다. 1주일은 요일의 순서와 상관없이 7일입니다.

◑ **주먹으로 각 달의 날수 알아보기**
주먹 쥔 손에서 둘째 손가락(검지)부터 시작하여 위로 솟은 것은 큰 달(31일), 안으로 들어간 것은 작은 달(30일, 2월은 28일 또는 29일)이 됩니다.

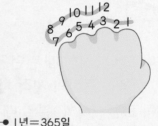

② 1년 알아보기

1년은 **12개월**입니다.

1년＝12개월

월	1	2	3	4	5	6	7	8	9	10	11	12
날수 (일)	31	28 (29)	31	30	31	30	31	31	30	31	30	31

● 1년＝365일

확인 1 □ 안에 알맞은 수를 써넣으세요.

(1) 1주일＝□ 일

(2) 3주일＝7일＋7일＋□ 일＝□ 일

(3) 1년＝□ 개월

(4) 30개월＝12개월＋12개월＋□ 개월

＝□ 년 □ 개월

확인 2 어느 해의 10월 달력을 보고 □ 안에 알맞은 수를 써넣으세요.

10월

일	월	화	수	목	금	토
				1	2	3
4	5	6	7	8	9	10
11	12	13	14	15	16	17
18	19	20	21	22	23	24
25	26	27	28	29	30	31

(1) 10월은 모두 □ 일입니다.

(2) 목요일인 날짜를 모두 쓰면 1일, □ 일, □ 일, □ 일, □ 일입니다.

(3) 19일에서 1주일 후는 □ 일입니다.

기본기 다지는 교과서 문제

1 □ 안에 알맞은 수를 써넣으세요.

(1) 2주일은 □ 일입니다.

(2) 2년은 □ 개월입니다.

(3) 28일은 □ 주일입니다.

(4) 36개월은 □ 년입니다.

2 날수가 같은 달끼리 짝 지은 것을 모두 ○표 하세요.

2월, 4월	3월, 9월	10월, 12월
( )	( )	( )

1월, 6월	7월, 8월	6월, 11월
( )	( )	( )

3 어느 해의 3월 달력을 보고 물음에 답하세요.

		3월				
일	월	화	수	목	금	토
			1	2	3	4
5			8	9	10	
	13	14	15			18
19	20			23	24	
	27	28				

(1) 위의 달력을 완성해 보세요.

(2) 설명을 읽고 민호의 생일은 몇 월 며칠인지 구하세요.

- 슬기의 생일은 3월의 마지막 날입니다.
- 민호는 슬기보다 21일 먼저 태어났습니다.

( )

개념 따라쓰기

달력 알아보기

		12월				
일	월	화	수	목	금	토
				1	2	3	4
5	6	7	8	9	10	11
12	13	14	15	16	17	18
19	20	21	22	23	24	25
26	27	28	29	30	31	

- 1주일은 **7**일입니다.
- 같은 가로줄에 있는 날짜는 같은 주입니다.
- 같은 세로줄에 있는 날짜는 같은 요일입니다.

1년 알아보기

| 1년=12개월=365일 |

- 1년은 **12**개월입니다.
- 1년은 **365**일입니다.

[1~3] 어느 해의 6월 달력을 보고 물음에 답하세요.

6월

일	월	화	수	목	금	토
1	2	3	4	5	6	7
8	9	10	11	12	13	14
15	16	17	18	19	20	21
22	23	24	25	26	27	28
29	30					

1
이해

월요일인 날은 모두 몇 번 있나요?

( )

2
48쪽   적용

16일에서 1주일 후는 며칠일까요?

( )

3
적용

슬기는 7월의 둘째 화요일에 열리는 미술 대회에 참가합니다. 미술 대회가 열리는 날은 몇 월 며칠일까요?

( )

4
48쪽   적용

같은 것끼리 선으로 이어 보세요.

1년 5개월	•		•	26개월
1년 7개월	•		•	17개월
2년 2개월	•		•	19개월

5
48쪽   문제 해결

어느 해의 8월 달력의 일부분입니다. 이 달의 마지막 날은 무슨 요일일까요?

8월

일	월	화	수	목	금	토
			1	2	3	4	5
6	7	8	9	10	11	12

( )

6
48쪽   추론

어느 해의 10월 10일은 수요일입니다. 같은 해 개천절인 10월 3일은 무슨 요일일까요?

( )

조금 더 **어려운 문제**에 도전해 볼까요?

7 49쪽   문제 해결

지혜는 피아노를 4년 2개월 동안 배웠습니다. 지혜가 피아노를 배운 기간은 몇 개월일까요?

(   )

8 49쪽   추론

과학 발명품 대회를 하는 기간은 며칠일까요?

기간: 4월 10일~5월 1일
장소: ○○과학관

(   )

+9 49쪽   수학적 독해력

올해 미나의 생일은 7월 2일 수요일이고, 미나 동생의 생일은 7월 31일입니다. 올해 미나 동생의 생일은 무슨 요일일까요?

(   )

🔍 **독해 포인트**   같은 요일은 7일마다 반복됨을 이용해 보세요.

+10 49쪽   수학적 표현력

오늘은 12월 2일 토요일이고, 23일 후는 성탄절입니다. 성탄절은 무슨 요일인지 구하세요.

같은 요일은 ▢ 일마다 반복되고

23＝7＋7＋7＋▢ 이므로 23일 후의 요일은

▢ 일 후의 요일과 같습니다.

토요일에서 ▢ 일 후의 요일은 ▢ 요일이므로 성

탄절은 ▢ 요일입니다.

오늘 공부 어땠나요?   10개 중 맞힌 문제 ▢ 개   >   ✘ **틀린 문제**는 힌트를 보고 다시 도전해 보세요.   >   ◉ **맞힌 문제**는 힌트를 보고 자신의 생각과 비교해 보세요.

01 시각을 두 가지 방법으로 읽어 보세요.

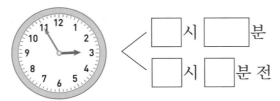

□ 시 □ 분
□ 시 □ 분 전

02 수지의 하루 생활을 나타낸 것입니다. 시각에 맞게 긴바늘을 그려 넣으세요.

8시 40분에 학교에 갔습니다.

4시 18분에 피아노를 쳤습니다.

03 □ 안에 알맞은 수를 써넣으세요.

(1) 117분 = □ 시간 □ 분

(2) 3시간 12분 = □ 분

04 주하가 집에서 출발한 시각과 할머니 댁에 도착한 시각을 나타낸 것입니다. 주하가 집에서 할머니 댁까지 가는 데 걸린 시간은 몇 시간 몇 분인지 구하세요.

출발한 시각   도착한 시각
오전   오후

( )

05 다음 중 옳지 <u>않은</u> 것의 기호를 쓰세요.

> ㉠ 30시간 = 1일 6시간
> ㉡ 1일 7시간 = 31시간
> ㉢ 54개월 = 3년 6개월
> ㉣ 2년 3개월 = 27개월

( )

06 슬기와 로운이가 약속 장소에 도착한 시각은 다음과 같습니다. 약속 장소에 더 늦게 도착한 사람은 누구인가요?

> 슬기: 오후 3시 56분
> 로운: 오후 4시 5분 전

( )

07 다음 시각에서 긴바늘이 두 바퀴 돈 후의 시각은 몇 시 몇 분일까요?

오전

(오전 , 오후) ☐ 시 ☐ 분

08 서준이는 I시간 40분 동안 야구 경기를 하였습니다. 4시에 야구 경기가 끝났다면 야구 경기가 시작한 시각은 몇 시 몇 분일까요?

(   )

09 수현이네 학교의 수업 시간은 40분이고, 쉬는 시간은 I0분입니다. 9시 5분에 I교시 수업을 시작하였다면 2교시 수업이 시작하는 시각은 몇 시 몇 분인지 구하세요.

(   )

서술형

10 지혜는 매주 목요일마다 봉사 활동을 합니다. II월 3일이 목요일이면 II월에 봉사 활동을 하는 날은 모두 몇 번인지 풀이 과정을 쓰고, 답을 구하세요.

〔풀이〕 _____

_____

_____

〔답〕 _____

25일 자료를 보고 표로 나타내기

❶ 자료를 보고 표로 나타내기

진우네 반 학생들이 좋아하는 과일

진우	소영	경아	현수	지민
슬기	수진	민하	혜민	서아
지선	재준	세은	예나	소미

자료를 보면 누가 어떤 과일을 좋아하는지 알 수 있습니다.

🍓 딸기　🍇 포도　🍊 귤　🍌 바나나

↓

진우네 반 학생들이 좋아하는 과일별 학생 수

과일	딸기	포도	귤	바나나	합계
학생 수(명)	////	///	//////	//	
	4	3	6	2	15

개념➕ 표로 나타내면 좋은 점

• 과일별 좋아하는 학생 수를 한눈에 알아보기 쉽습니다.
• 전체 학생 수를 쉽게 알 수 있습니다.

❖ 자료를 세어 표로 나타낼 때에는 ○, /, × 등의 표시 방법을 이용하면 자료를 빠뜨리거나 겹치지 않게 셀 수 있습니다.

❖ 자료를 보고 바로 표로 나타낼 때에는 ////나 正의 표시 방법을 이용하면 자료를 빠뜨리지 않고 센 후 표를 완성할 수 있습니다.

❖ 자료와 표 비교하기

자료
• 누가 어떤 것을 좋아하는지 알 수 있습니다.

표
• 각 자료별 수를 한눈에 알아보기 쉽습니다.
• 전체의 수를 쉽게 알 수 있습니다.

확인 1 지영이네 반 학생들이 좋아하는 색깔을 조사하였습니다. 물음에 답하세요.

좋아하는 색깔

지영	서우	하준	민아
수진	예서	준형	민재
도영	소영	민주	혜나

(1) 학생들이 좋아하는 색깔을 보고 학생들의 이름을 쓰세요.

좋아하는 색깔

🌥️	🌥️	🌥️	🌥️
지영, 준형			

(2) 자료를 보고 표로 나타내어 보세요.

좋아하는 색깔별 학생 수

색깔	🌥️	🌥️	🌥️	🌥️	합계
학생 수(명)					

기본기 다지는 교과서 문제

[1~3] 유민이네 반 학생들이 좋아하는 간식을 조사하였습니다. 물음에 답하세요.

좋아하는 간식

유민	준환	기준	도훈	재혁	민주
하영	예준	서아	지민	수정	호세
가희	재훈	보라	미영	혜주	민서

🍕 피자 🍜 라면 🍗 치킨 🍔 햄버거

1 피자, 라면, 치킨, 햄버거를 좋아하는 학생을 각각 찾아 이름을 써넣으세요.

좋아하는 간식

피자	라면	치킨	햄버거

2 유민이네 반 학생은 모두 몇 명인가요?

(   )

3 자료를 보고 표로 나타내어 보세요.

좋아하는 간식별 학생 수

간식	피자	라면	치킨	햄버거	합계
학생 수 (명)	//// ////	//// ////	//// ////	//// ////	

5 단원

스스로 풀어내는 **도전 10 문제**

막힐 땐 **힌트북**

[1~3] 선아네 반 학생들이 좋아하는 운동을 조사하였습니다. 물음에 답하세요.

좋아하는 운동

⚾ 선아	⚽ 지훈	🏀 주아	🏸 수영
⚾ 민준	⚽ 선경	⚽ 도현	🏀 지수
⚽ 하민	🏀 설아	⚽ 주형	🏸 보민

⚾ 야구　⚽ 축구　🏀 농구　🏸 배드민턴

1　　　　　　　　　　　　이해

하민이가 좋아하는 운동은 무엇일까요?

(　　　　　　　)

2　　　　　　　　　　　　이해

선아네 반 학생은 모두 몇 명일까요?

(　　　　　　　)

3 50쪽　　　　　　　　　　적용

자료를 보고 표로 나타내어 보세요.

좋아하는 운동별 학생 수

운동	야구	축구	농구	배드민턴	합계
학생 수(명)					

[4~5] 혜주네 모둠 학생들이 좋아하는 곤충을 조사하였습니다. 물음에 답하세요.

좋아하는 곤충

🦟 혜주	🪲 규혁	🦟 진아	🦋 소민	🪲 지율
🪲 진서	🦋 혜나	🪲 서우	🪲 현진	🦋 예지
🪲 민아	🪲 성진	🦋 보현	🦟 영수	🪲 민호

🦟 잠자리　🪲 사슴벌레　🦋 나비　🪲 장수풍뎅이

4 50쪽　　　　　　　　　　적용

자료를 보고 표로 나타내어 보세요.

좋아하는 곤충별 학생 수

곤충	잠자리	사슴벌레	나비	장수풍뎅이	합계
학생 수(명)	〼〼	〼〼	〼〼	〼〼	

5 50쪽　　　　　　　　　　이해

좋아하는 곤충별 학생 수를 알아보기 편리한 것에 ○표 하세요.

(　자료 ,　표　)

6 50쪽　　　　　　　　　　창의 융합

리듬 악보를 보고 표로 나타내어 보세요.

음표별 수

음표	♩	♪	𝅗𝅥	합계
수				

» 정답 · 풀이 29쪽

조금 더 **어려운** 문제에 도전해 볼까요?

7 [51쪽]

문제 해결

주사위를 14번 굴려서 나온 결과를 보고 나온 눈별 횟수를 표로 나타내어 보세요.

주사위를 굴려서 나온 눈

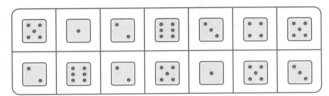

주사위를 굴려서 나온 눈의 횟수

눈	⚀	⚁	⚂	⚃	⚄	⚅	합계
횟수 (회)							

8 [51쪽]

창의 융합

여러 조각으로 모양을 만들었습니다. 사용한 조각 수를 표로 나타내어 보세요.

사용한 조각 수

조각	⬡	△	▱	▰	합계
조각 수 (개)					

5단원

+9 [51쪽]

수학적 독해력

정호네 모둠 학생들이 키우고 있는 반려동물을 조사하였습니다. 두 번째로 많은 학생이 키우는 반려동물은 무엇인가요?

키우고 있는 반려동물

🐱 고양이   🐶 강아지   🐟 열대어

(   )

🔍 **독해 포인트**   반려동물별 학생 수를 각각 구합니다.

+10 [51쪽]

수학적 표현력

서우네 반 학생들이 좋아하는 빵을 조사하여 표로 나타내었습니다. 조사한 학생이 모두 18명일 때 가장 많은 학생이 좋아하는 빵은 무엇인지 말해 보세요.

좋아하는 빵별 학생 수

빵	크림빵	소시지빵	식빵	피자빵	합계
학생 수(명)	3		5	4	

조사한 학생이 18명이므로 소시지빵을 좋아하는 학생은 18 − □ − □ − □ = □ (명)입니다. 따라서 가장 많은 학생이 좋아하는 빵은

□ 입니다.

오늘 공부

어땠나요?

10개 중 맞힌 문제 □ 개

 틀린 문제는 힌트를 보고 다시 도전해 보세요.

 맞힌 문제는 힌트를 보고 자신의 생각과 비교해 보세요.

26일 그래프로 나타내기

① 표를 그래프로 나타내기

장래 희망별 학생 수

장래 희망	의사	선생님	연예인	과학자	합계
학생 수(명)	4	5	6	3	18

↓

장래 희망별 학생 수

표에서 가장 큰 수가 들어가도록 칸의 수를 정합니다.

학생 수(명) \ 장래 희망	의사	선생님	연예인	과학자
6			○	
5		○	○	
4	○	○	○	
3	○	○	○	○
2	○	○	○	○
1	○	○	○	○

• 한 칸에 하나씩 표시합니다.

⊙ 그래프로 나타내는 방법

① 가로와 세로에 어떤 것을 나타낼지 정합니다.

↓

② 가로와 세로를 각각 몇 칸으로 할지 정합니다.

↓

③ ○, ×, / 중 하나를 정해 자료의 수만큼 나타냅니다.

↓

④ 그래프의 제목을 씁니다.
• 제목은 가장 먼저 써도 됩니다.

⊙ ○, ×, / 를 이용하여 나타낼 때 세로로 나타낸 그래프는 아래에서 위로, 가로로 나타낸 그래프는 왼쪽에서 오른쪽으로 빈칸 없이 채웁니다.

개념+ 그래프로 나타내면 좋은 점

• 장래 희망별 학생 수를 한눈에 비교할 수 있습니다.
• 가장 많은 학생들의 장래 희망을 한눈에 알 수 있습니다.

확인 1 세아가 한 달 동안 읽은 책 수를 조사하여 나타낸 표를 보고 그래프로 나타내려고 합니다. 물음에 답하세요.

한 달 동안 읽은 종류별 책 수

종류	동화책	역사책	과학책	동시집	합계
책 수(권)	5	4	2	3	14

(1) 그래프의 가로에 책의 종류를 나타내면 세로에는 무엇을 나타내야 할까요?

( )

(2) 표를 보고 ○를 이용하여 그래프로 나타내어 보세요.

한 달 동안 읽은 종류별 책 수

책 수(권) \ 종류	동화책	역사책	과학책	동시집
5				
4				
3				
2				
1				

(3) 가장 많이 읽은 책의 종류는 무엇일까요?

( )

기본기 다지는 교과서 문제

[1~3] 서하네 반 학생들이 좋아하는 계절을 조사하여 나타낸 표를 보고 그래프로 나타내려고 합니다. 물음에 답하세요.

좋아하는 계절별 학생 수

계절	봄	여름	가을	겨울	합계
학생 수(명)	5	6	4	5	20

1 그래프를 그리는 순서대로 기호를 쓰세요.

> ㉠ 그래프에 제목을 씁니다.
> ㉡ 계절별 학생 수를 ○로 나타냅니다.
> ㉢ 가로와 세로에 나타낼 것을 정합니다.
> ㉣ 가로와 세로를 각각 몇 칸으로 할지 정합니다.

□ ─ □ ─ □ ─ ㉠

2 표를 보고 ○를 이용하여 그래프로 나타내어 보세요.

좋아하는 계절별 학생 수

6				
5				
4				
3				
2				
1				
학생 수(명) / 계절	봄	여름	가을	겨울

3 가장 많은 학생들이 좋아하는 계절을 한눈에 알아보기 편리한 것에 ○표 하세요.

(표 , 그래프)

개념 따라쓰기

그래프로 나타내는 방법

① 가로와 세로에 어떤 것을 나타낼지 정합니다.

② 가로와 세로를 각각 몇 칸으로 할지 정합니다.

③ ○, /, × 중 하나를 정해 자료의 수만큼 나타냅니다.

④ 그래프의 제목을 씁니다.

5단원

그래프로 나타내면 좋은 점

좋아하는 색깔별 학생 수

4	○		
3	○	○	
2	○	○	○
1	○	○	○
학생 수(명) / 색깔	노랑	파랑	빨강

↑ 가장 많음   ↑ 가장 적음

• 종류별 수를 한눈에 비교할 수 있습니다.

• 종류별 수가 가장 많은 항목을 한눈에 알기 쉽습니다.

[1~3] 소정이네 반 학생들의 취미생활을 조사하여 표로 나타내었습니다. 물음에 답하세요.

취미별 학생 수

취미	운동	악기	미술	독서	합계
학생 수(명)	6	3	4	5	

1
이해

소정이네 반 학생은 모두 몇 명일까요?

( )

2 `52쪽`
적용

표를 보고 ○를 이용하여 그래프로 나타내어 보세요.

취미별 학생 수

6				
5				
4				
3				
2				
1				
학생 수(명) / 취미	운동	악기	미술	독서

3 `52쪽`
적용

표를 보고 ✕를 이용하여 그래프로 나타내어 보세요.

취미별 학생 수

독서						
미술						
악기						
운동						
취미 / 학생 수(명)	1	2	3	4	5	6

[4~6] 주하네 반 학생들이 주말에 가고 싶어 하는 장소를 조사하여 표로 나타내었습니다. 물음에 답하세요.

가고 싶어 하는 장소별 학생 수

장소	박물관	동물원	영화관	놀이공원	합계
학생 수(명)	4		5	7	19

4 `52쪽`
추론

동물원에 가고 싶어 하는 학생은 몇 명일까요?

( )

5 `52쪽`
문제 해결

표를 그래프로 나타낼 때 가로 한 칸이 한 명을 나타낸다면 가로를 적어도 몇 칸으로 나타내어야 할까요?

( )

6
적용

표를 보고 /를 이용하여 그래프로 나타내어 보세요.

가고 싶어 하는 장소별 학생 수

놀이공원							
영화관							
동물원							
박물관							
장소 / 학생 수(명)	1	2	3	4	5	6	7

[7~8] 은율이네 반 학생들이 좋아하는 채소를 조사하여 표로 나타내었습니다. 물음에 답하세요.

좋아하는 채소별 학생 수

채소	당근	오이	감자	파프리카	합계
학생 수(명)	5		6	3	18

7 53쪽 　　　　　　　　　　추론

감자를 좋아하는 학생은 오이를 좋아하는 학생보다 몇 명 더 많을까요?

(　　　　　　　　)

8 53쪽 　　　　　　　　　문제 해결

표를 보고 △를 이용하여 그래프로 나타내어 보세요.

좋아하는 채소별 학생 수

채소 / 학생 수(명)					

5 단원

+9 53쪽 　　　　　　　　　수학적 독해력

혜나네 모둠 학생들이 모은 칭찬 붙임딱지 수를 조사하여 나타낸 그래프입니다. 모은 칭찬 붙임딱지가 모두 19장일 때 그래프를 완성하세요.

학생별 칭찬 붙임딱지 수

붙임딱지 수(장) / 이름	혜나	선우	민정	보민
7		×		
6		×		
5		×		
4		×		×
3	×	×		×
2	×	×		×
1	×	×		×

🔍 **독해 포인트** 민정이가 모은 칭찬 붙임딱지 수를 먼저 구합니다.

+10 53쪽 　　　　　　　　　수학적 표현력

표를 보고 그래프로 나타내려고 합니다. 그래프를 완성할 수 없는 이유를 말해 보세요.

도현이네 반 학생들의 혈액형별 학생 수

혈액형	A형	B형	O형	AB형	합계
학생 수(명)	7	5	6	3	21

도현이네 반 학생들의 혈액형별 학생 수

혈액형 / 학생 수(명)	1	2	3	4	5	6
AB형						
O형						
B형						
A형						

[이유] _____

_____

오늘 공부

어땠나요?　　10개 중 맞힌 문제 [　　] 개　>　❌ **틀린 문제**는 힌트를 보고 다시 도전해 보세요.　>　🔍 **맞힌 문제**는 힌트를 보고 자신의 생각과 비교해 보세요.

27 일 표와 그래프의 내용 알아보기/ 표와 그래프로 나타내기

❶ 표와 그래프의 내용 알아보기

주말에 하고 싶은 활동별 학생 수

활동	영화 보기	운동	여행	친구와 놀기	합계
학생 수(명)	3	2	4	5	14

- 조사한 학생 수는 14명입니다.
- 영화 보기는 3명, 운동은 2명, 여행은 4명, 친구와 놀기는 5명입니다.

주말에 하고 싶은 활동별 학생 수

학생 수(명) \ 활동	영화 보기	운동	여행	친구와 놀기
5				○
4			○	○
3	○		○	○
2	○	○	○	○
1	○	○	○	○

- 가장 많은 학생이 하고 싶은 활동은 친구와 놀기입니다.
- 가장 적은 학생이 하고 싶은 활동은 운동입니다.

개념➕ 표와 그래프의 편리한 점

표	그래프
• 조사한 자료의 전체 수를 알아보기 편리합니다. • 조사한 자료별 수를 알기 쉽습니다.	가장 많은 것과 가장 적은 것을 한눈에 알아보기 편리합니다.

확인➊ 도하네 반 학생들이 신청한 방과 후 수업을 조사하여 표와 그래프로 나타내었습니다. □ 안에 알맞게 써넣으세요.

도하네 반 학생들의 방과 후 수업별 학생 수

수업	창의미술	뮤지컬	바둑	독서토론	합계
학생 수(명)	3	5	2	4	

도하네 반 학생들의 방과 후 수업별 학생 수

학생 수(명) \ 수업	창의미술	뮤지컬	바둑	독서토론
5		○		
4		○		○
3	○	○		○
2	○	○	○	○
1	○	○	○	○

(1) 도하네 반 학생은 모두 ☐ 명입니다.

(2) 가장 많은 학생이 신청한 수업은 ☐ 입니다.

기본기 다지는 교과서 문제

[1~2] 어느 해 Ⅰ월의 날씨를 조사하여 나타낸 것입니다. 물음에 답하세요.

Ⅰ월의 날씨

일	월	화	수	목	금	토
		1 ☀	2 ☀	3 ☁	4 ☂	5 ☂
6 ☀	7 ⛄	8 ⛄	9 ☁	10 ⛄	11 ☀	12 ☁
13 ☀	14 ☀	15 ☂	16 ☁	17 ☁	18 ⛄	19 ⛄
20 ⛄	21 ☁	22 ☂	23 ☀	24 ☀	25 ☁	26 ☁
27 ☀	28 ☀	29 ☀	30 ☁	31 ⛄		

☀ 맑음   ☁ 흐림   ☂ 비   ⛄ 눈

1 조사한 자료를 표로 나타내어 보세요.

Ⅰ월의 날씨별 날수

날씨	맑음	흐림	비	눈	합계
날수(일)					

2 **1**의 표를 보고 ○를 이용하여 그래프로 나타내어 보세요.

Ⅰ월의 날씨별 날수

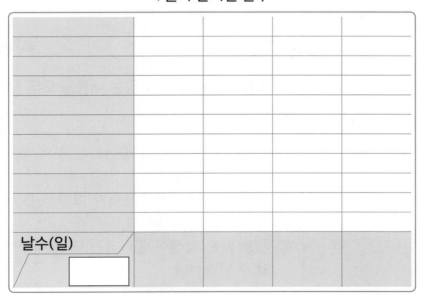

날수(일)				

표로 나타내면 편리한 점

혈액형별 학생 수

혈액형	A	B	AB	O	합계
학생 수(명)	6	4	3	5	18

A형인 학생 수   전체 학생 수

① 조사한 자료의 <u>전체 수</u>를 알아보기 편리합니다.

② 조사한 자료별 수를 알기 쉽습니다.

그래프로 나타내면 편리한 점

혈액형별 학생 수

6	○			
5	○			○
4	○	○		○
3	○	○	○	○
2	○	○	○	○
1	○	○	○	○
학생 수(명) / 혈액형	A	B	AB	O

가장 많음   가장 적음

✏ 가장 많은 것과 가장 적은 것을 한눈에 알아보기 편리합니다.

5 단원

[1~3] 경호네 반 학생들이 좋아하는 아이스크림 맛을 조사하여 표로 나타내었습니다. 물음에 답하세요.

좋아하는 아이스크림 맛별 학생 수

종류	초코 맛	딸기 맛	바닐라 맛	멜론 맛	합계
학생 수(명)	5	7	3	4	

1

이해

경호네 반 학생은 모두 몇 명일까요?

( )

2 54쪽

적용

초코 맛을 좋아하는 학생은 바닐라 맛을 좋아하는 학생보다 몇 명 더 많은가요?

( )

3 54쪽

적용

가장 많은 학생이 좋아하는 아이스크림 맛과 가장 적은 학생이 좋아하는 아이스크림 맛의 학생 수의 차는 몇 명일까요?

( )

[4~6] 하나네 반 학생들이 좋아하는 꽃을 조사하여 나타낸 표입니다. 물음에 답하세요.

좋아하는 꽃별 학생 수

종류	장미	튤립	국화	백합	합계
학생 수(명)	7	5	4	6	22

4

적용

표를 보고 /를 이용하여 그래프로 나타내어 보세요.

좋아하는 꽃별 학생 수

7				
6				
5				
4				
3				
2				
1				
학생 수(명) \ 종류	장미	튤립	국화	백합

5 54쪽

적용

5명보다 많은 학생들이 좋아하는 꽃을 모두 찾아 쓰세요.

( )

6 54쪽

문제 해결

4의 그래프를 보고 알 수 있는 내용을 모두 찾아 기호를 쓰세요.

> ㉠ 하나네 반 학생들이 좋아하는 꽃의 종류를 알 수 있습니다.
> ㉡ 하나네 반 학생인 동훈이가 어떤 꽃을 좋아하는지 알 수 있습니다.
> ㉢ 가장 많은 학생이 좋아하는 꽃이 무엇인지 알 수 있습니다.

( )

7 [55쪽]   문제 해결

도경이네 반 학생 17명이 다니는 학원을 조사하여 나타낸 그래프입니다. 그래프를 완성하고, 많은 학생들이 다니는 학원부터 차례로 쓰세요.

학생들이 다니는 학원별 학생 수

학생 수(명) / 학원	피아노	태권도	수영	미술
6		/		
5		/	/	
4		/	/	
3		/	/	
2		/	/	/
1		/	/	/

8 [55쪽]   창의 융합

현우네 반 학생들이 좋아하는 과목을 조사하여 나타낸 표와 그래프입니다. 표와 그래프를 각각 완성하세요.

좋아하는 과목별 학생 수

과목	국어	수학	바른생활	창·체	합계
학생 수(명)	5	4			18

좋아하는 과목별 학생 수

과목 / 학생 수(명)	1	2	3	4	5	6
창·체						
바른생활	○	○	○	○	○	○
수학	○	○	○	○		
국어						

5 단원

+9 [55쪽]   수학적 독해력

보람이네 반 학생들이 좋아하는 산을 조사하여 나타낸 표입니다. 한라산을 좋아하는 학생과 지리산을 좋아하는 학생 수가 같을 때 지리산을 좋아하는 학생은 몇 명일까요?

좋아하는 산별 학생 수

산	설악산	한라산	치악산	내장산	지리산	합계
학생 수(명)	6		2	4		22

(   )

🔍 **독해 포인트** 한라산과 지리산을 좋아하는 학생 수의 합을 먼저 구합니다.

+10 [55쪽]   수학적 표현력

지훈이네 반 학생들이 가고 싶어 하는 체험학습 장소를 조사하여 나타낸 그래프입니다. 체험학습 장소를 어디로 정하면 좋을지 말해 보세요.

가고 싶어 하는 체험학습 장소별 학생 수

장소 / 학생 수(명)	1	2	3	4	5	6	7
민속박물관	×	×	×	×	×		
고궁	×	×	×	×			
자연사박물관	×	×	×	×	×	×	×

가장 많은 학생이 가고 싶어 하는 [   ]

으로 정하는 것이 좋겠습니다.

오늘 공부

어땠나요?   10개 중 맞힌 문제 [   ]개 > ❌ **틀린 문제**는 힌트를 보고 다시 도전해 보세요. > 🔍 **맞힌 문제**는 힌트를 보고 자신의 생각과 비교해 보세요.

[01~03] 서영이네 반 학생들이 받고 싶은 생일 선물을 조사하였습니다. 물음에 답하세요.

받고 싶은 생일 선물

서영	민정	도훈	하영
진아	서진	혜나	소미
윤슬	도아	진수	별이

📖 책 🤖 장난감 ✏️ 학용품 📦 보드게임

01 장난감을 받고 싶은 학생을 모두 찾아 쓰세요.

( )

02 조사한 자료를 보고 표로 나타내어 보세요.

받고 싶은 생일 선물별 학생 수

종류	책	장난감	학용품	보드게임	합계
학생 수 (명)					

03 서영이네 반 학생은 모두 몇 명일까요?

( )

[04~06] 민호네 반 학생들이 가고 싶은 나라를 조사하여 나타낸 그래프입니다. 물음에 답하세요.

가고 싶은 나라별 학생 수

6			/	
5	/		/	
4	/	/	/	/
3	/	/	/	/
2	/	/	/	/
1	/	/	/	/
학생 수(명) 나라	미국	영국	캐나다	중국

04 그래프에서 가로와 세로에 나타낸 것은 각각 무엇일까요?

가로 ( )

세로 ( )

05 그래프를 보고 ×를 이용하여 다음 그래프로 나타내어 보세요.

가고 싶은 나라별 학생 수

중국						
캐나다						
영국						
미국						
나라 학생 수(명)	1	2	3	4	5	6

06 가고 싶은 나라의 학생 수가 4명보다 많은 나라를 모두 찾아 쓰세요.

( )

[07~08] 서준이네 반 학생들이 배우고 싶은 악기를 조사하여 나타낸 표입니다. 물음에 답하세요.

배우고 싶은 악기별 학생 수

악기	드럼	피아노	플루트	우쿨렐레	합계
학생 수(명)	3	7		4	20

07 플루트를 배우고 싶은 학생은 몇 명일까요?

( )

08 표를 보고 ∨를 이용하여 그래프로 나타내어 보세요.

배우고 싶은 악기별 학생 수

7				
6				
5				
4				
3				
2				
1				
학생 수(명) 악기	드럼	피아노	플루트	우쿨렐레

09 도윤이네 반 대표 선거의 투표 결과를 나타낸 그래프입니다. 도윤이네 반 학생이 22명일 때 대표가 될 사람은 누구일까요?

반 대표 선거 후보별 득표 수

지훈	○	○	○	○			
예서							
민주	○	○	○	○	○		
경아	○	○	○	○	○	○	
이름 득표 수(표)	1	2	3	4	5	6	7

( )

서술형

10 한봄이네 반 학생들이 좋아하는 민속놀이를 조사하여 나타낸 표입니다. 연날리기를 좋아하는 학생은 자치기를 좋아하는 학생보다 3명 더 많습니다. 조사한 학생은 모두 몇 명인지 풀이 과정을 쓰고, 답을 구하세요.

좋아하는 민속놀이별 학생 수

민속놀이	연날리기	팽이치기	제기차기	자치기	합계
학생 수(명)		6	4	5	

〔풀이〕 _____

_____

_____

〔답〕 _____

28일 덧셈표에서 규칙 찾기

❶ 덧셈표에서 규칙 찾기

+	0	1	2	3	4	5	6	7	8	9
0	0	1	2	3	4	5	6	7	8	9
1	1	2	3	4	5	6	7	8	9	10
2	2	3	4	5	6	7	8	9	10	11
3	3	4	5	6	7	8	9	10	11	12
4	4	5	6	7	8	9	10	11	12	13
5	5	6	7	8	9	10	11	12	13	14
6	6	7	8	9	10	11	12	13	14	15
7	7	8	9	10	11	12	13	14	15	16
8	8	9	10	11	12	13	14	15	16	17
9	9	10	11	12	13	14	15	16	17	18

- 빨간색으로 칠해진 수는 아래쪽으로 내려 갈수록 1씩 커지는 규칙이 있습니다.
- 파란색으로 칠해진 수는 오른쪽으로 갈수 록 1씩 커지는 규칙이 있습니다.
- ＼ 방향으로 갈수록 2씩 커지는 규칙이 있 습니다.
- ／ 방향으로 같은 수가 있는 규칙이 있습니다.
- 초록색 점선을 따라 접으면 만나는 수는 서 로 같습니다.

개념 ➕ 덧셈표에서 빈칸에 알맞은 수 구하기

+	0	3
1	㉠	㉡
4	㉢	㉣

색칠된 부분의 가로줄에 있는 수와 세로줄에 있는 수가 만나는 곳에 두 수의 합을 씁니다.

➡ ㉠=1+0=1 ㉡=1+3=4
  ㉢=4+0=4 ㉣=4+3=7

덧셈표에서 다양한 규칙을 찾을 수 있어.

확인 ❶ 덧셈표에서 규칙을 찾아 □ 안에 알맞게 써넣으세요.

+	0	1	2	3	4	5
0	0	1	2	3	4	5
1	1	2	3	4	5	6
2	2	3	4	5	6	7
3	3	4	5	6	7	8
4	4	5	6	7	8	9
5	5	6	7	8	9	10

(1) 파란색으로 칠해진 수는 오른쪽으로 갈수록

□ 씩 커지는 규칙이 있습니다.

(2) 빨간색으로 칠해진 수는 아래쪽으로 내려갈수록

□ 씩 커지는 규칙이 있습니다.

(3) ＼ 방향으로 갈수록 □ 씩 커지는 규칙이 있습니다.

기본기 다지는 교과서 문제

[1~4] 덧셈표를 보고 물음에 답하세요.

+	2	4	6	8	10
2	4	6	8	10	12
4	6	8	10	12	
6	8	10	12		
8	10	12			
10	12	14			

1 규칙을 찾아 빈칸에 알맞은 수를 써넣으세요.

2 파란색으로 칠해진 수의 규칙을 찾아 □ 안에 알맞은 수를 써넣으세요.

> 오른쪽으로 갈수록 □ 씩 커지는 규칙이 있습니다.

3 초록색 점선에 놓인 수의 규칙을 찾아 □ 안에 알맞은 수를 써넣으세요.

> ＼ 방향으로 갈수록 □ 씩 커지는 규칙이 있습니다.

4 덧셈표에 있는 수에서 찾을 수 있는 규칙이면 ○표, 찾을 수 없는 규칙이면 ✕표 하세요.

(1) ／ 방향에 있는 수는 모두 같습니다. ( )

(2) 아래쪽으로 갈수록 1씩 커집니다. ( )

(3) 모두 짝수입니다. ( )

✏️ **개념** 따라쓰기

{ 덧셈표에서 빈칸에 알맞은 수 구하기

➔ ★=3+2

✏️ 가로줄에 있는 수와 세로줄에 있는 수가 만나는 곳에 <u>두 수의 합</u>을 씁니다.

6단원

{ 덧셈표에서 규칙 찾기

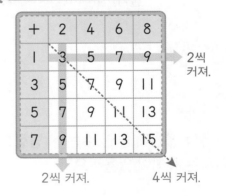

✏️ 덧셈표에서 <u>다양한 규칙</u>을 찾을 수 있습니다.

[1~3] 덧셈표를 보고 물음에 답하세요.

+	0	3	6	9
0	0	3	6	9
3	3	6		
6	6	9	12	15
9	9			

1
이해

빈칸에 알맞은 수를 써넣으세요.

2
의사 소통

파란색으로 칠해진 수의 규칙을 바르게 설명한 친구는 누구일까요?

> 모두 홀수인 규칙이 있어.
> 슬기

> 오른쪽으로 갈수록 3씩 커지는 규칙이 있어.
> 서준

(   )

3 [56쪽]
적용

초록색 점선에 놓인 수는 ↘ 방향으로 갈수록 몇씩 커지는 규칙이 있을까요?

(   )

[4~5] 덧셈표를 보고 물음에 답하세요.

+	7			
3	10	11	12	13
	11	12	13	14
	12		14	15
	13			

4 [56쪽]
추론

빈칸에 알맞은 수를 써넣으세요.

5 [56쪽]
적용

규칙을 바르게 설명한 것을 찾아 기호를 쓰세요.

> ㉠ 같은 줄에서 오른쪽으로 갈수록 1씩 작아지는 규칙이 있습니다.
> ㉡ 같은 줄에서 아래쪽으로 내려갈수록 2씩 커지는 규칙이 있습니다.
> ㉢ ↙ 방향으로 같은 수가 있는 규칙이 있습니다.

(   )

6 [56쪽]
창의 융합

덧셈표에 있는 규칙에 맞게 빈칸에 알맞은 수를 써넣으세요.

	12		
		14	
		15	16

7 57쪽 · 추론

덧셈표를 완성하고 규칙을 찾아 □ 안에 알맞은 수를 써넣으세요.

+	4	8	12	16
1	5	9	13	17
2	6	10	14	
3			15	19
4		12	16	20

→ 각 줄의 오른쪽으로 갈수록 □씩 커지는 규칙이 있습니다.

8 57쪽 · 창의 융합

초록색 점선의 ↘ 방향으로 놓인 수와 같은 규칙으로 수를 뛰어 세려고 합니다. ♥에 알맞은 수를 구하세요.

+	0	2	4	6
0	0	2	4	6
2	2	4	6	8
4	4	6	8	10
6	6	8	10	12

23 — □ — □ — ♥

(   )

6단원

+9 57쪽 · 수학적 독해력

덧셈표에서 빨간색 점선에 놓인 수의 규칙을 바르게 설명한 사람은 누구일까요?

+	10	20	30	40
1	11	21	31	41
3	13	23	33	43
5	15	25	35	45
7	17	27	37	47

지혜: ／ 방향으로 갈수록 십의 자리 숫자가 커지는 규칙이 있어.

로운: ／ 방향으로 갈수록 8씩 작아지는 규칙이 있어.

(   )

🔍 **독해 포인트** 빨간색 점선에 '／ 방향'으로 놓인 수의 규칙을 찾습니다.

+10 57쪽 · 수학적 표현력

덧셈표에서 ㉠, ㉡, ㉢에 알맞은 수 중 가장 큰 수는 무엇인지 설명해 보세요.

+	1	3	5	7
1				
3			㉠	
㉡	6			
7			㉢	

㉠=3+5=□이고, ㉡+1=6이므로

㉡=□이고, ㉢=7+5=□입니다.

따라서 가장 큰 수의 기호를 쓰면 □입니다.

오늘 공부 어땠나요?

10개 중 맞힌 문제 □개

> ✖ **틀린 문제**는 힌트를 보고 다시 도전해 보세요.

> 🔍 **맞힌 문제**는 힌트를 보고 자신의 생각과 비교해 보세요.

29일 곱셈표에서 규칙 찾기

❶ 곱셈표에서 규칙 찾기

×	1	2	3	4	5	6	7	8	9
1	1	2	3	4	5	6	7	8	9
2	2	4	6	8	10	12	14	16	18
3	3	6	9	12	15	18	21	24	27
4	4	8	12	16	20	24	28	32	36
5	5	10	15	20	25	30	35	40	45
6	6	12	18	24	30	36	42	48	54
7	7	14	21	28	35	42	49	56	63
8	8	16	24	32	40	48	56	64	72
9	9	18	27	36	45	54	63	72	84

- 빨간색으로 칠해진 수는 아래쪽으로 내려갈수록 3씩 커지는 규칙이 있습니다. ──● 3의 단 곱셈구구
- 파란색으로 칠해진 수는 오른쪽으로 갈수록 6씩 커지는 규칙이 있습니다. ──● 6의 단 곱셈구구
- 초록색 점선에 놓인 수는 같은 두 수의 곱입니다. ──● 1×1=1, 2×2=4, 3×3=9, ……
- 초록색 점선을 따라 접으면 만나는 수는 서로 같습니다.
- 1, 3, 5, 7, 9의 단 곱셈구구에 있는 수는 홀수, 짝수가 반복됩니다.
- 2, 4, 6, 8의 단 곱셈구구에 있는 수는 모두 짝수입니다.

개념➕ 곱셈표에서 빈칸에 알맞은 수 구하기

×	1	3
1	㉠	㉡
2	㉢	㉣

색칠한 부분의 가로줄에 있는 수와 세로줄에 있는 수가 만나는 곳에 두 수의 곱을 씁니다.

➡ ㉠=1×1=1 ㉡=1×3=3
㉢=2×1=2 ㉣=2×3=6

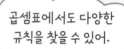 곱셈표에서도 다양한 규칙을 찾을 수 있어.

확인 1 곱셈표에서 규칙을 찾아 ☐ 안에 써넣고, 알맞은 것에 ◯표 하세요.

×	1	2	3	4	5
1	1	2	3	4	5
2	2	4	6	8	10
3	3	6	9	12	15
4	4	8	12	16	20
5	5	10	15	20	25

(1) 파란색으로 칠해진 수는 오른쪽으로 갈수록
☐ 씩 커지는 규칙이 있습니다.

(2) 빨간색으로 칠해진 수는 아래쪽으로 내려갈수록
☐ 씩 커지는 규칙이 있습니다.

(3) 초록색 점선을 따라 접으면 만나는 수는 서로
(같습니다 , 다릅니다).

기본기 다지는 교과서 문제

[1~3] 곱셈표를 보고 물음에 답하세요.

×	1	2	3	4	5	6	7
1	1	2	3	4	5	6	7
2	2	4	6	8	10	12	14
3	3	6	9	12	15		21
4	4	8	12	16		24	28
5	5	10	15	20	25	30	
6	6	12	18	24		36	42
7	7	14	21	28	35	42	49

1 빈칸에 알맞은 수를 써넣으세요.

2 빨간색으로 칠해진 곳과 규칙이 같은 곳을 찾아 파란색으로 칠해 보세요.

3 보라색으로 칠해진 수의 규칙을 찾아 □ 안에 알맞은 수를 써넣으세요.

오른쪽으로 갈수록 □씩 커지는 규칙이 있습니다.

4 규칙을 찾아 빈칸에 알맞은 수를 써넣으세요.

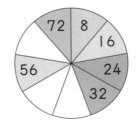

개념 따라쓰기

곱셈표에서 빈칸에 알맞은 수 구하기

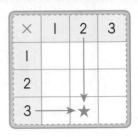

→ ★ = 3 × 2

🖋 가로줄에 있는 수와 세로줄에 있는 수가 만나는 곳에 **두 수의 곱**을 씁니다.

6단원

곱셈표에서 규칙 찾기

×	1	2	3	4
1	1	2	3	4
2	2	4	6	8
3	3	6	9	12
4	4	8	12	16

단의 수만큼 커져.

단의 수만큼 커져.

🖋 곱셈표에서 **다양한 규칙**을 찾을 수 있습니다.

[1~3] 곱셈표를 보고 물음에 답하세요.

×	3	4	5	6
3	9	12	15	18
4	12	16		
5	15	20	25	30
6	18			

1　　　　　　　　　　　　　　이해 ☁

빈칸에 알맞은 수를 써넣으세요.

2　　　　　　　　　　　　　　적용 👆

빨간색으로 칠해진 수의 규칙을 찾아 □ 안에 알맞은 수를 써넣으세요.

- 아래쪽으로 내려갈수록 ☐ 씩 커집니다.
- ☐ 의 단 곱셈구구입니다.

3 📖58쪽　　　　　　　　　　　적용 👆

초록색 점선을 따라 접으면 만나는 수는 서로 어떤 관계인가요?

(　　　　　　　　　)

[4~5] 곱셈표를 보고 물음에 답하세요.

×	1	3	5
1	1		
			15
5	5		25
		21	49

4 📖58쪽　　　　　　　　　　　추론 🧩

빈칸에 알맞은 수를 써넣으세요.

5 📖58쪽　　　　　　　　　　　의사 소통 💬

규칙을 **잘못** 설명한 사람은 누구일까요?

> 지혜: 모든 수는 홀수야.
> 종욱: 빨간색으로 칠해진 수는 아래쪽으로 내려갈수록 10씩 커지는 규칙이 있어.
> 윤하: 1부터 49까지 ＼ 방향에 놓인 수는 8씩 커지는 규칙이 있어.

(　　　　　　　　　)

6 📖58쪽　　　　　　　　　　　창의 융합 💡

곱셈표에 있는 규칙에 맞게 빈칸에 알맞은 수를 써넣으세요.

×	1	2	3	4	5	
1	1	2	3	4	5	9
2	2	4	6	8	10	18 27
3	3	6	9	12	15	36 45
4	4	8	12	16	20	56 64 72
5	5	10	15	20		63 72 81

	56	63
56	64	
54		72

» 정답·풀이 **36**쪽

조금 더 **어려운 문제**에 도전해 볼까요?

7 59쪽   문제 해결

곱셈표에서 ●에 들어갈 수와 같은 수가 들어가는
칸을 찾아 기호를 쓰세요.

×	5	6	7	8
5	25			
6			㉠	㉡
7			㉢	㉣
8		●		

(   )

8 59쪽 문제 해결

곱셈표에서 ㉠과 ㉡에 알맞은 수의 차를 구하세요.

×	3	5	7	9
2	6			
			20	㉠
6				
		㉡		72

(   )

+9 59쪽 **수학적 독해력**

곱셈표에서 빨간색 선 안에 있는 수들의 합은 ■
를 세 번 곱한 것과 같고, 파란색 선 안에 있는 수
들의 합은 ▲를 세 번 곱한 것과 같습니다. ■, ▲
를 각각 구하세요.

×	1	2	3	4
1	1	2	3	
2	2	4	6	
3	3	6	9	
4				

■ (   )

▲ (   )

🔍 **독해 포인트**   (빨간색 선 안에 있는 수들의 합)
=■×■×■
(파란색 선 안에 있는 수들의 합)
=▲×▲×▲

+10 59쪽 **수학적 표현력**

곱셈표에서 찾을 수 있는 규칙을 두 가지 설명해
보세요.

×	2	4	6	8
2	4	8	12	16
4	8	16	24	32
6	12	24	36	
8	16			64

〔규칙1〕 8, 16, 24, 32는 (왼쪽, 오른쪽)으로 갈

수록 [   ]씩 커지는 규칙이 있습니다.

〔규칙2〕 4부터 64까지 ↘ 방향에 있는 수는

(같은, 다른) 두 수의 [   ]입니다.

오늘 공부

어땠나요?   10개 중 맞힌 문제 [   ]개 > ✖ **틀린 문제**는 힌트를 보고 다시 도전해 보세요. > 🔍 **맞힌 문제**는 힌트를 보고 자신의 생각과 비교해 보세요.

6단원

30일 무늬에서 규칙 찾기/쌓은 모양에서 규칙 찾기

① 무늬에서 규칙 찾기

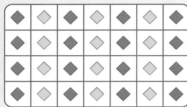

- 파란색, 노란색이 반복되는 규칙이 있습니다.
- ↓ 방향으로 똑같은 색이 반복되는 규칙이 있습니다.

- □, ○, ♡ 모양이 반복되는 규칙이 있습니다.
- 빨간색, 초록색이 반복되는 규칙이 있습니다.
- ╱ 방향으로 똑같은 모양이 반복되는 규칙이 있습니다.

① 모양과 색에서 각각 규칙을 찾을 수 있습니다.

① 무늬를 숫자로 바꾸어 규칙을 나타낼 수 있습니다.

예 ♣를 1, ★를 2로 나타내기

♣	★	♣	★	♣
★	♣	★	♣	★
♣	★	♣	★	♣

↓

1	2	1	2	1
2	1	2	1	2
1	2	1	2	1

② 쌓은 모양에서 규칙 찾기

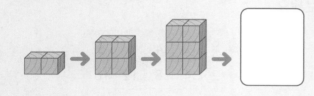

- 쌓기나무가 위로 2개씩 늘어나는 규칙입니다.
- 네 번째 모양에 쌓을 쌓기나무는 6개에서 2개가 늘어나므로 8개입니다.

확인 1 규칙을 찾아 △ 안에 알맞게 색칠해 보세요

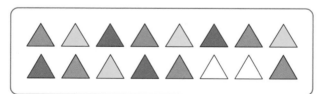

확인 2 쌓기나무로 다음과 같은 모양을 쌓았습니다. 쌓은 규칙에 맞게 □ 안에 알맞은 수를 써넣으세요.

쌓기나무가 □개, □개가 반복되게 쌓은 규칙이 있습니다.

기본기 다지는 교과서 문제

[1~2] 한글 무늬 타일을 규칙에 따라 놓았습니다. 물음에 답하세요.

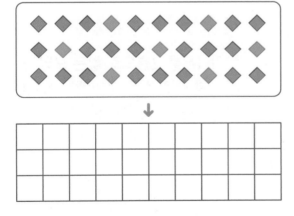

1 규칙에 맞게 빈칸을 완성해 보세요.

2 타일을 놓은 규칙을 찾아 □ 안에 알맞게 써넣으세요.

> ㅁ, ㅇ, ☐, ☐ 이 반복되고, 초록색과 ☐ 색이 반복되는 규칙이 있습니다.

3 다음 모양을 ◆는 1, ◆는 2, ◆는 3으로 바꾸어 나타내어 보세요.

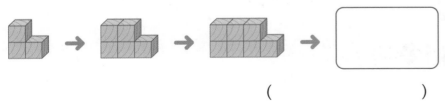

4 규칙에 따라 쌓기나무를 쌓아갈 때 □ 안에 쌓을 쌓기나무는 모두 몇 개일까요?

( )

개념 따라쓰기

무늬에서 규칙 찾기

모양의 규칙	색깔의 규칙
♤, ○ 모양이 반복되는 규칙	초록색, 파란색이 반복되는 규칙

✎ 모양과 색에서 각각 규칙을 찾을 수 있습니다.

6단원

무늬를 숫자로 바꾸어 나타내기

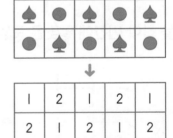

| 1 | 2 | 1 | 2 | 1 |
| 2 | 1 | 2 | 1 | 2 |

✎ 무늬를 숫자로 바꾸어 규칙을 나타낼 수 있습니다.

쌓은 모양에서 규칙 찾기

2개   4개   6개   8개

+2개 +2개 +2개

✎ 규칙을 찾으면 다음에 올 모양을 알 수 있습니다.

1

추론

규칙을 찾아 □ 안에 알맞은 모양을 그려 보세요.

2

추론

규칙을 찾아 빈칸에 알맞은 모양을 그려 보세요.

3 60쪽

추론

규칙에 맞게 □ 안에 알맞은 모양을 그려 보세요.

4 60쪽

추론

지우는 규칙에 따라 구슬을 꿰어 목걸이를 만들고 있습니다. 다음에 이어질 목걸이에는 구슬이 몇 개 일까요?

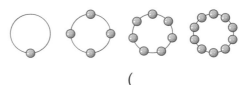

(   )

[5~6] 규칙에 따라 쌓기나무를 쌓았습니다. 물음에 답하세요. (단, 보이지 않는 곳에 쌓은 쌓기나무는 없습니다.)

5 60쪽

문제 해결

쌓기나무를 2층으로 쌓은 모양에는 쌓기나무가 ㉠ 개, 3층으로 쌓은 모양에는 쌓기나무가 ㉡개 있습니다. ㉠＋㉡은 얼마일까요?

(   )

6 60쪽

추론

쌓기나무를 4층으로 쌓으려면 쌓기나무는 모두 몇 개 필요할까요?

(   )

» 정답 · 풀이 38쪽

조금 더 **어려운 문제**에 도전해 볼까요?

7 [61쪽]   창의 융합

규칙적으로 도형을 그린 것입니다. 규칙을 찾아 □ 안에 알맞은 도형을 그려 보세요.

8 [61쪽]   추론

어떤 규칙에 따라 쌓기나무를 쌓고 있습니다. 쌓기나무 49개를 모두 쌓아 만든 모양은 몇 번째에 놓일까요?

   ······

(   )

+9 [61쪽]   **수학적 독해력**

어떤 규칙에 따라 바둑돌이 움직이고 있습니다. 여섯 번째에 바둑돌이 들어갈 곳을 찾아 기호를 쓰세요.

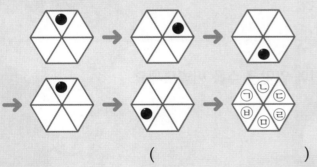

(   )

🔍 **독해 포인트**   바둑돌이 움직이는 규칙을 찾아봅니다.

+10 [61쪽]   **수학적 표현력**   **6** 단원

어떤 규칙에 따라 쌓기나무를 계속 쌓으려고 합니다. 쌓기나무를 5층으로 쌓으려면 쌓기나무는 모두 몇 개 필요한지 구하세요. (단, 보이지 않는 곳에 쌓은 쌓기나무는 없습니다.)

쌓기나무가 위에서부터 2개, 4개, ☐ 개······로

☐ 개씩 늘어나는 규칙입니다. 따라서 쌓기나무를

5층으로 쌓으려면 쌓기나무는 모두

$2 + 4 + \boxed{} + \boxed{} + \boxed{} = \boxed{}$ (개)가 필

요합니다.

오늘 공부

어땠나요?   10개 중 맞힌 문제 ☐ 개 ❯ **틀린 문제**는 힌트를 보고 다시 도전해 보세요. ❯ **맞힌 문제**는 힌트를 보고 자신의 생각과 비교해 보세요.

31일 생활에서 규칙 찾기

① 달력에서 규칙 찾기

3월

일	월	화	수	목	금	토
			1	2	3	4
5	6	7	8	9	10	11
12	13	14	15	16	17	18
19	20	21	22	23	24	25
26	27	28	29	30	31	

- 모든 요일은 7일마다 반복되는 규칙이 있습니다.
- 가로로 1씩 커지는 규칙이 있습니다.
- 세로로 7씩 커지는 규칙이 있습니다.
- ↗ 방향으로 갈수록 6씩 커집니다.
- ↘ 방향으로 갈수록 8씩 커집니다.

○ 달력에서 찾을 수 있는 다른 규칙

달력에서 사각형 모양으로 놓인 수 중 ×로 만나는 두 수의 합은 서로 같습니다.

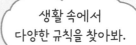

$6+14=7+13$

개념+ 생활에서 찾을 수 있는 다양한 규칙

- 신호등:  의 순서로 등의 색깔이 바뀌는 규칙이 있습니다.
- 계절: 봄, 여름, 가을, 겨울로 규칙적으로 변합니다.
- 시계: 1부터 12까지 1씩 커지는 규칙이 있습니다.

> 생활 속에서 다양한 규칙을 찾아봐.

확인 1 자물쇠에 있는 수를 보고 규칙을 찾아 □ 안에 알맞은 수를 써넣으세요.

(1) 위로 올라갈수록 □ 씩 커지는 규칙이 있습니다.

(2) 오른쪽으로 갈수록 □ 씩 커지는 규칙이 있습니다.

(3) ↘ 방향으로 갈수록 □ 씩 커지는 규칙이 있습니다.

» 정답 · 풀이 39쪽

기본기 다지는 교과서 문제

[1~3] 어느 해 9월의 달력입니다. 물음에 답하세요.

일	월	화	수	목	금	토
					1	2
3	4	5	6	7	8	9
10	11	12	13	14	15	16
17	18	19	20	21	22	23
24	25	26	27	28	29	30

9월

1 토요일은 며칠마다 반복될까요?

(   )

2 화요일에 있는 수의 규칙을 찾아 □ 안에 알맞은 수를 써넣고, 알맞은 말에 ○표 하세요.

> 아래로 내려갈수록 □ 씩 (작아지는 , 커지는) 규칙이 있습니다.

3 달력에서 찾을 수 있는 규칙을 <u>잘못</u> 설명한 사람은 누구일까요?

> 민우: 가로로 1씩 커지는 규칙이 있어.
> 설아: ╱ 방향으로 갈수록 8씩 커져.
> 은지: 목요일에 있는 수는 7의 단 곱셈구구와 같아.

(   )

4 신호등의 색깔이 다음과 같은 규칙에 따라 바뀝니다. 신호등의 빈 곳에 알맞게 색칠해 보세요.

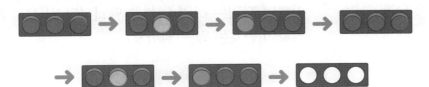

개념 따라쓰기

달력에서 규칙 찾기

모든 요일은 7일마다 반복돼.

일	월	화	수	목	금	토
	1	2	3	4	5	6
7	8	9	10	11	12	13
14	15	16	17	18	19	20
21	22	23	24	25	26	27
28	29	30	31			

→ 1씩 커져.
→ 8씩 커져.
7씩 커져.

① 모든 요일은 <u>7일마다 반복</u>되는 규칙이 있습니다.
② 가로로 <u>1씩 커지는</u> 규칙이 있습니다.
③ 세로로 <u>7씩 커지는</u> 규칙이 있습니다.
④ <u>╲ 방향으로 갈수록 8씩 커집니다.</u>

6단원

1

문제 해결

서울에서 부산까지 가는 고속버스의 출발 시각을 나타낸 표입니다. 표에서 규칙을 찾아 □ 안에 알맞은 수를 써넣으세요.

출발 시각
7시 20분
8시
8시 40분
9시 20분
10시

고속버스는 □ 분마다 출발하는 규칙이 있습니다.

[2~3] 시계를 보고 물음에 답하세요.

2

이해

시계의 긴바늘은 수 사이를 몇 칸씩 움직이나요?

(   )

3 62쪽

추론

규칙을 찾아 마지막 시계에 긴바늘을 알맞게 그려 보세요.

4 62쪽

의사 소통

휴대 전화 숫자판의 수에 있는 규칙을 바르게 설명한 사람은 누구일까요?(단, 0을 제외하고 규칙을 찾습니다.)

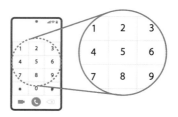

수아: 아래로 내려갈수록 3씩 작아져.
지훈: 오른쪽으로 갈수록 2씩 커져.
다솜: ╱ 방향으로 갈수록 2씩 커져.

(   )

[5~6] 어느 소극장의 자리를 나타낸 그림입니다. 물음에 답하세요.

무대

첫째 둘째 셋째 ……
가열 ① ② ③ ④ ⑤ ⑥
나열 ⑫ ⑬ ⑭

5 62쪽

추론

슬기의 자리는 30번입니다. 어느 열 몇 번째 자리일까요?

(   )

6 62쪽

추론

민호의 자리는 라열 여섯 번째입니다. 민호가 앉을 의자의 번호는 몇 번일까요?

(   )

조금 더 **어려운 문제**에 도전해 볼까요?

7 📖63쪽

창의 융합 ✏️

다음은 오른쪽 엘리베이터 버튼의 수에 대한 설명입니다. ㉠과 ㉡에 알맞은 수의 합을 구하세요.

- ＼ 방향으로 갈수록 ㉠씩 커집니다.
- ★에 알맞은 수는 ㉡입니다.

(   )

8 📖63쪽

문제 해결 ↪

어느 해 6월 달력의 일부분이 찢어졌습니다. 수빈이의 생일은 7월 14일입니다. 수빈이의 생일은 무슨 요일일까요?

6월						
일	월	화	수	목	금	토
1	2	3	4	5	6	7
8	9					

(   )

⁺9 📖63쪽

수학적 독해력

규칙에 따라 시곗바늘이 움직이고 있습니다. 유민이는 마지막 시계가 나타내는 시각에서 10분 전에 집에서 출발하여 수영장에 가려고 합니다. 유민이가 수영장에 가기 위해 집에서 출발하는 시각은 몇 시 몇 분일까요?

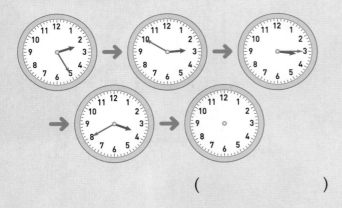

(   )

🔍 **독해 포인트** '10분 전'은 10분 이른 시각을 말합니다.

⁺10 📖63쪽

수학적 표현력

달력의 수가 일부 보이지 않습니다. 빨간색 선 안에 있는 모든 수의 합은 얼마인지 구하세요.

일	월	화	수	목	금	토
					1	2
3	4	5	6	7	8	9
		㉠	13	㉡		
		㉢	20	㉣		

달력에서 선으로 연결한 두 수의 합은 서로 같습니다.

→ ㉠＋㉣＝㉡＋㉢＝13＋20＝ ☐

따라서 빨간색 선 안에 있는 모든 수의 합은

☐ ＋ ☐ ＋ ☐ ＝ ☐ 입니다.

오늘 공부

어땠나요?

10개 중 맞힌 문제 ☐ 개 ＞ ✖️ **틀린 문제**는 힌트를 보고 다시 도전해 보세요. ＞ 🔍 **맞힌 문제**는 힌트를 보고 자신의 생각과 비교해 보세요.

01 덧셈표에서 규칙을 찾아 □ 안에 알맞은 수를 써넣으세요.

+	2	4	6	8
1	3	5	7	9
3	5	7	9	11
5	7	9	11	13
7	9	11	13	15

→ 빨간색 점선에 놓인 수는 ＼ 방향으로

갈수록 □ 씩 커지는 규칙이 있습니다.

02 덧셈표에 있는 규칙에 맞게 빈칸에 알맞은 수를 써넣으세요.

+	0	1	2	3	
0	0	1	2	3	4
1	1	2	3	4	5
2	2	3	4	5	6
3	3	4	5	6	7
	4	5	6	7	

13	14
	15

03 곱셈표에 대해 <u>잘못</u> 설명한 것을 찾아 기호를 쓰세요.

×	2	3	4	5
2	4	6	8	10
3	6	9	12	15
4	8	12	16	
5	10	15		25

> ㉠ 초록색 선 안에 있는 수는 3의 단 곱셈
> 구구입니다.
> ㉡ 빈칸에 들어갈 수는 서로 다릅니다.

( )

04 곱셈표에서 ㉠과 ㉡에 알맞은 수의 차를 구하세요.

×	1	2	3	4
3	3			
		10		㉠
7				
		18	㉡	

( )

05 창문의 모양에는 규칙이 있습니다. 규칙을 찾아 빈칸에 알맞은 모양을 그려 보세요.

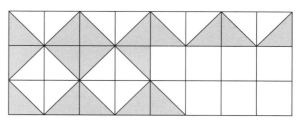

» 정답 · 풀이 **40**쪽

06 규칙에 따라 빈칸에 색칠해야 할 곳을 찾아 기호를 쓰세요.

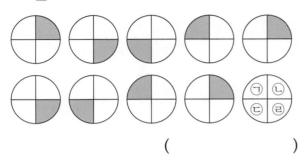

( )

09 규칙을 찾아 마지막 시계가 나타내는 시각은 몇 시 몇 분인지 구하세요.

( )

07 어떤 규칙에 따라 쌓기 나무를 계속 쌓으려고 합니다. 쌓기나무를 5층 으로 쌓으려면 쌓기나무 는 모두 몇 개 필요할까요? (단, 보이지 않는 곳에 쌓은 쌓기나무는 없습니다.)

← 5층
← 4층
← 3층
⋮

( )

6단원

10 지수는 친구와 뮤지컬을 보러 갔습니다. 지수 의 자리는 마열 다섯 번째입니다. 지수가 앉 을 의자의 번호는 몇 번인지 풀이 과정을 쓰 고, 답을 구하세요.

〔풀이〕 _____

_____

_____

〔답〕 _____

08 어느 해 11월 달력의 일부분이 찢어졌습니 다. 넷째 주 수요일은 며칠일까요?

			11월			
일	월	화	수	목	금	토
		1	2	3	4	5
6	7					

( )

memo

모든 문제의 첫 번째 힌트는
문제를 다시 읽는 것입니다.

막힐 땐

힌트북

초등수학 2-2

막힐 때 찾아보는 힌트북

슬기로운 공부

막힐 땐

힌트북

초등수학 **2-2**

막힐 때 찾아보는 **힌트북**

01 일 1000이 10개인 수 알아보기

1000원이 되도록 100원짜리 동전을 묶고 남은 돈을 세어 봐.

\ 중요해! /

1000은 100이 10개인 수야.

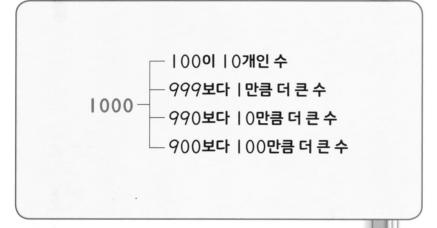

$$
1000 \begin{cases}
\text{100이 10개인 수} \\
\text{999보다 1만큼 더 큰 수} \\
\text{990보다 10만큼 더 큰 수} \\
\text{900보다 100만큼 더 큰 수}
\end{cases}
$$

■보다 ▲만큼 더 큰 수 → ■ ＋ ▲

■보다 ▲만큼 더 작은 수 → ■ － ▲

\ 주의해! /

'~보다 더 큰 수'이면 덧셈으로,
'~보다 더 작은 수'이면 뺄셈으로 구해.

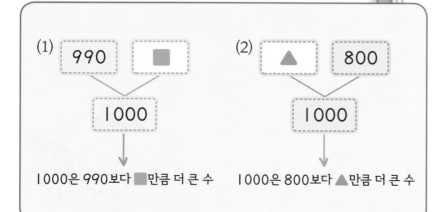

(1)

990 → ■

↓

1000

↓

1000은 990보다 ■만큼 더 큰 수

(2)

▲ → 800

↓

1000

↓

1000은 800보다 ▲만큼 더 큰 수

3 1000원이 되도록 묶었을 때 남는 돈은 얼마일까요?

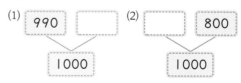

4 □ 안에 알맞은 수를 써넣으세요.

(1) 1000은 900보다 [   ]만큼 더 큰 수입니다.

(2) 1000은 990보다 [   ]만큼 더 큰 수입니다.

(3) 1000은 10이 [   ]개인 수입니다.

5 세 사람 중 다른 수를 말한 사람은 누구일까요?

> 주하: 10개씩 100묶음인 수야.
> 종욱: 400보다 600만큼 더 큰 수야.
> 윤하: 900보다 100만큼 더 작은 수야.

6 빈칸에 알맞은 수를 써넣어 1000을 만들어 보세요.

(1)

990 → [   ]

↓

1000

(2)

[   ] → 800

↓

1000

7 1000이 되도록 왼쪽 그림과 오른쪽 수를 선으로 이어 보세요.

· · 700

· · 500

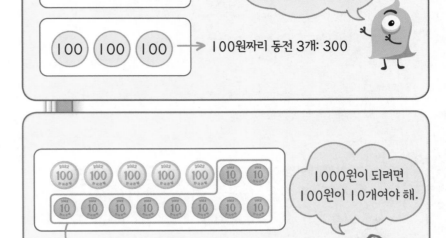

백 모형 5개: 500

1000이 되려면 100이 10개여야 해.

100원짜리 동전 3개: 300

8 슬기는 다음과 같이 동전을 가지고 있습니다. 1000원이 되려면 얼마가 더 있어야 할까요?

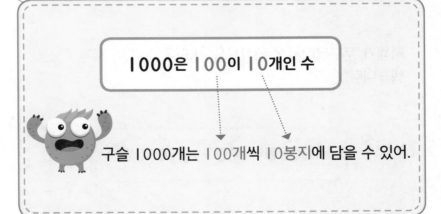

1000원이 되려면 100원이 10개여야 해.

10원짜리 동전 10개는 100원짜리 동전 1개와 같아.

수학적 독해력

+9 구슬 1000개를 한 봉지에 100개씩 담아서 팔려고 합니다. 7봉지를 팔았다면 남은 구슬은 몇 봉지일까요?

1000은 100이 10개인 수

구슬 1000개는 100개씩 10봉지에 담을 수 있어.

수학적 표현력

+10 민호네 반은 칭찬 포인트를 모읍니다. 민호가 750점을 모았을 때 1000점이 되려면 몇 점을 더 모아야 하는지 말해 보세요.

1000은 750보다 몇만큼 더 큰 수인지 생각해 봐.

□만큼 더 큰 수

750점 → 1000점

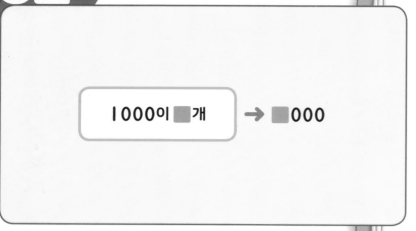

3 관계있는 것끼리 선으로 이어 보세요.

1000이 4개 •		• 이천
2000 •		• 8000
1000이 8개 •		• 사천

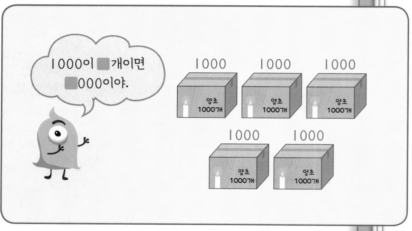

4 양초는 모두 몇 개일까요?

지혜가 문구점에서 스케치북을 사고 천 원짜리 지폐 4장을 냈습니다.

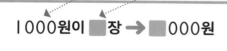

1000원이 ■장 → ■000원

5 지혜가 문구점에서 스케치북을 사고 천 원짜리 지폐 4장을 냈습니다. 지혜가 낸 돈은 얼마일까요?

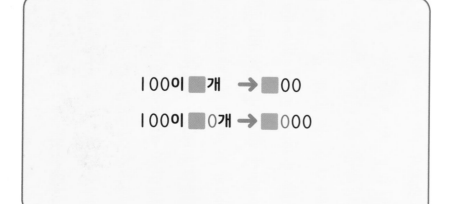

6 세 사람 중 다른 수를 말한 사람은 누구일까요?

7 ㉠, ㉡에 알맞은 수가 더 큰 것의 기호를 쓰세요.

> • 6000은 1000이 ㉠개인 수입니다.
> • 1000이 ㉡개인 수는 9000입니다.

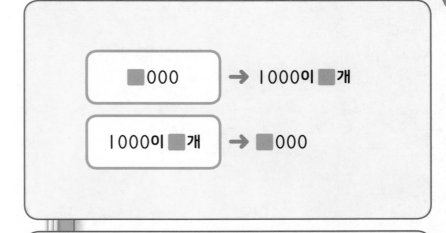

8 100 을 사용하여 3000을 그림으로 나타내세요.

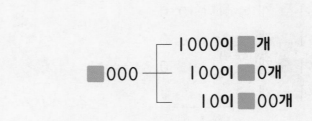

수학적 독해력

+9 로운이는 500원짜리 동전 2개와 1000원짜리 지폐 3장을 가지고 있습니다. 로운이가 가지고 있는 돈으로 1000원짜리 공책을 몇 권까지 살 수 있을까요?

로운이는 500원짜리 동전 2개와 1000원짜리 지폐 3장을 가지고 있습니다.

1000원짜리 지폐 1장과 같아.

수학적 표현력

+10 색종이가 한 상자에 100장씩 들어 있습니다. 40상자에 들어 있는 색종이는 모두 몇 장인지 말해 보세요.

100이 10개 → 1000

100이 ■0개 → ■000

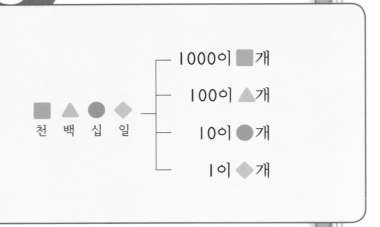

1000이 ■개
100이 ▲개
10이 ●개
1이 ◆개

천 백 십 일

2 □ 안에 알맞은 수를 써넣으세요.

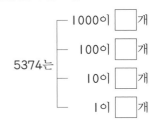

5374는
- 1000이 □개
- 100이 □개
- 10이 □개
- 1이 □개

1000이 ■개 → ■ 0 0 0
100이 ▲개 → ▲ 0 0
10이 ●개 → ● 0
1이 ◆개 → _____
                ◆
              ■▲●◆

\ 주의해! /
→ 자리의 숫자가 0일 때에는 읽지 않아.

4 1000이 5개, 100이 0개, 10이 3개, 1이 7개인 수를 바르게 나타낸 것의 기호를 쓰세요.

㉠ 오천삼백칠이라고 읽습니다.
㉡ 수로 쓰면 5037입니다.

천 원짜리 지폐 ■장 → ■ 0 0 0 원
백 원짜리 동전 ▲개 → ▲ 0 0 원
                    _____
                     ■▲ 0 0 원

5 수현이는 이번 주 용돈으로 천 원짜리 지폐 3장, 백 원짜리 동전 5개를 받았습니다. 수현이가 이번 주에 받은 용돈은 얼마일까요?

1000이 ■개 → ■ 0 0 0
100이 ▲개 → ▲ 0 0
10이 ●개 → ● 0
              _____
               ■▲● 0

\ 중요해! /
자리의 숫자가 1일 때에는 숫자는 읽지 않고 자릿값만 읽어.

6 면봉이 1000개짜리 3상자, 100개짜리 1상자, 10개짜리 4봉지가 있습니다. 면봉의 수를 쓰고 읽어 보세요.

〔쓰기〕 (   )
〔읽기〕 (   )

7 가로에 이천십, 세로에 천백일을 수로 나타내어 퍼즐을 완성하세요.

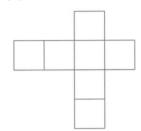

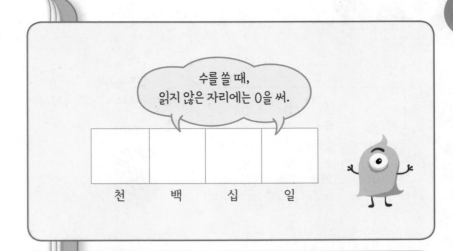

8 수 모형을 사용하여 2543을 다음과 같이 나타냈을 때 백 모형은 몇 개가 필요할까요?

천 모형	백 모형	십 모형	일 모형
		⫼⫼⫼⫼	⦂

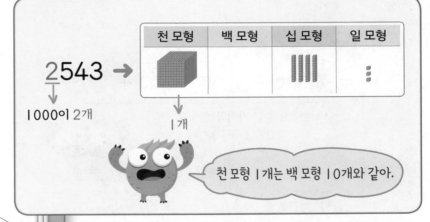

수학적 독해력

+9 다음에서 설명하는 네 자리 수를 구하세요.

- 백의 자리 숫자는 7입니다.
- 천의 자리 숫자는 백의 자리 숫자보다 1 큽니다.
- 각 자리의 숫자의 합은 15입니다.

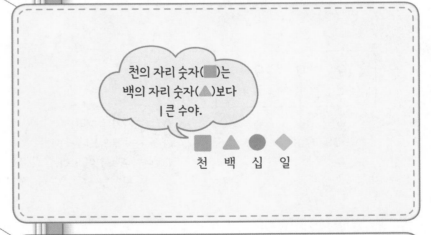

수학적 표현력

+10 서준이는 5600원짜리 학용품을 사려고 합니다. 지금까지 모은 돈이 1000원짜리 지폐 4장, 100원짜리 동전 3개라면 서준이가 더 모아야 하는 금액은 얼마인지 설명해 보세요.

각 자리의 숫자가 나타내는 값

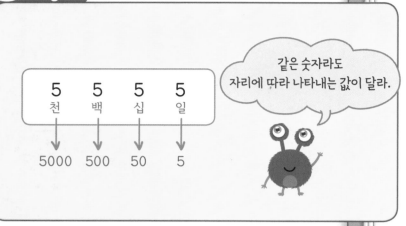

2 숫자 5가 50을 나타내는 수를 찾아 기호를 쓰세요.

| ㉠ 5742 | ㉡ 6354 | ㉢ 8549 |

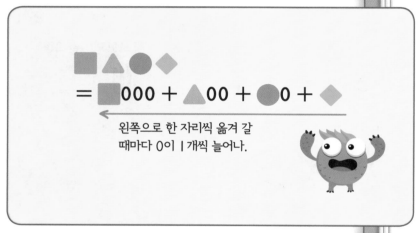

4 수를 각 자리의 숫자가 나타내는 값의 합으로 나타내어 보세요.

(1) 6319

= 6000 + ▢ + ▢ + ▢

(2) 7204

= ▢ + ▢ + ▢ + ▢

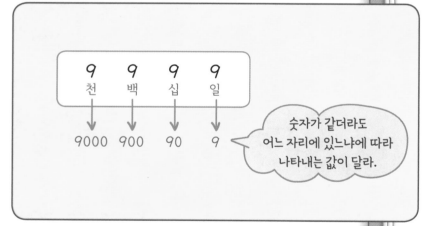

5 숫자 9가 나타내는 값이 가장 큰 수에 ◯표, 가장 작은 수에 △표 하세요.

| 2985 | 3169 | 9807 | 3294 |

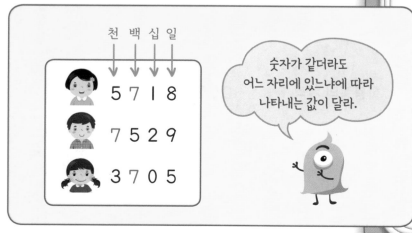

6 숫자 7이 나타내는 값이 다른 하나를 가지고 있는 사람은 누구일까요?

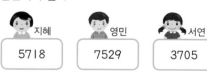

| 지혜 | 영민 | 서연 |
| 5718 | 7529 | 3705 |

7 슬기가 설명하는 수의 천의 자리 숫자를 구하세요.

1000이 3개, 100이 11개,
10이 6개, 1이 5개인 수야.

슬기

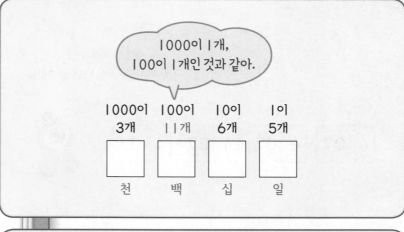

1000이 1개,
100이 1개인 것과 같아.

1000이 3개	100이 11개	10이 6개	1이 5개
□	□	□	□
천	백	십	일

8 수 카드 4장을 한 번씩만 사용하여 네 자리 수를 만들려고 합니다. 천의 자리 숫자가 3, 백의 자리 숫자가 5인 네 자리 수를 모두 만들어 보세요.

     7 3 2 5

3은 천의 자리, 5는 백의 자리에
고정해 놓고 네 자리 수를 만들어 봐.

3	5	■	■
천	백	십	일

수학적
독해력

+9 다음에서 설명하는 네 자리 수를 구하세요.

- 2000보다 크고 3000보다 작습니다.
- 백의 자리 숫자는 5입니다.
- 십의 자리 숫자가 나타내는 값은 30입니다.
- 일의 자리 숫자는 8입니다.

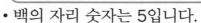

- 2000보다 크고 3000보다 작습니다. → 2□□□
- 백의 자리 숫자는 5입니다.
- 십의 자리 숫자가 나타내는 값은 30입니다.
- 일의 자리 숫자는 8입니다.

수학적
표현력

+10 ㉠이 나타내는 값과 ㉡이 나타내는 값의 다른 점을 설명하세요.

3646
㉠ ㉡

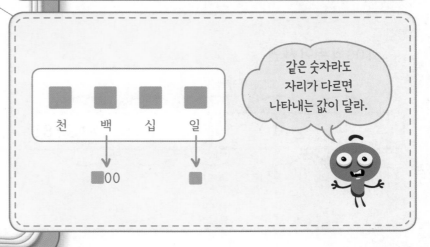

같은 숫자라도
자리가 다르면
나타내는 값이 달라.

■	■	■	■
천	백	십	일

■00 ■

뛰어 세기

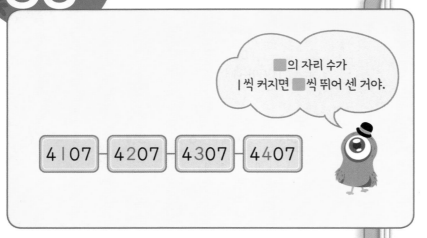

■의 자리 수가
1씩 커지면 ■씩 뛰어 센 거야.

4107 — 4207 — 4307 — 4407

3265 — 3275 — ☐

☐ — 3295 — ☐ — 3315

십의 자리 수가
1씩 커졌어.

\ 주의해! /

10씩 뛰어 셀 때 십의 자리 숫자가 9이면
다음 수는 십의 자리 숫자가 0이 되고 백의 자리 수가 1 커져.

9430 — 8430 — ☐

☐ — ☐ — 4430

1000씩 거꾸로 세면
천의 자리 수가
1씩 작아져.

100씩 뛰어 세면

백의 자리 수가 1씩 커져.

☐ ☐ ☐ ☐ ☐ 5785

백의 자리 수가 1씩 작아져.

1 몇씩 뛰어 세었는지 ☐ 안에 알맞은 수를 써넣으세요.

4107 — 4207 — 4307 — 4407

→ ☐ 씩 뛰어 세었습니다.

2 뛰어 세는 규칙을 찾아 빈칸에 알맞은 수를 써넣으세요.

3265 — 3275 — ☐

3295 — ☐ — 3315

5 1000씩 거꾸로 뛰어 세어 보세요.

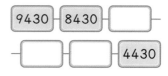

9430 — 8430 — ☐

☐ — ☐ — 4430

6 100씩 뛰어 세어 5785가 되도록 빈칸에 알맞은 수를 써넣으세요.

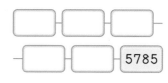

☐ — ☐ — ☐

☐ — ☐ — 5785

7 다음이 나타내는 수에서 100씩 3번 뛰어 센 수를 구하세요.

1000이 5개, 100이 6개, 10이 2개인 수

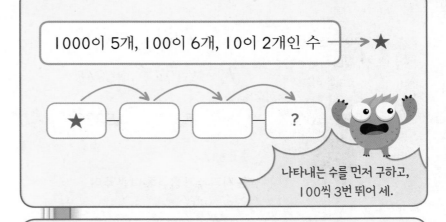

1000이 5개, 100이 6개, 10이 2개인 수 → ★

나타내는 수를 먼저 구하고, 100씩 3번 뛰어 세.

8 로운이가 말한 어떤 수를 구하세요.

어떤 수부터 1000씩 2번 뛰어 세면 6715가 돼.

로운

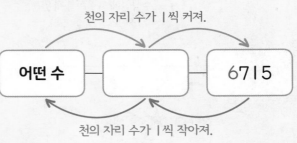

1000씩 뛰어 세면

천의 자리 수가 1씩 커져.

| 어떤 수 | | 6715 |

천의 자리 수가 1씩 작아져.

수학적
독해력

+9 서연이의 통장에는 7월 현재 3340원이 있습니다. 8월부터 한 달에 1000원씩 계속 저금한다면 11월에 저금한 후 통장에 들어 있는 돈은 얼마가 될까요?

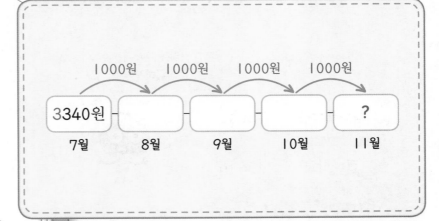

| | 1000원 | 1000원 | 1000원 | 1000원 |

| 3340원 | | | | ? |
| 7월 | 8월 | 9월 | 10월 | 11월 |

수학적
표현력

+10 4856부터 수를 일정하게 거꾸로 뛰어 세었습니다. ♥에 알맞은 수는 얼마인지 말해 보세요.

4856 - 4846 - 4836 - ⬚ - ♥

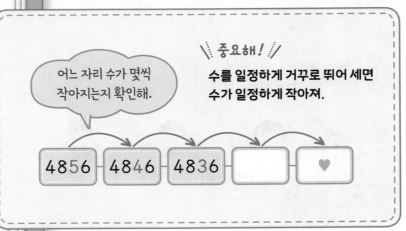

어느 자리 수가 몇씩 작아지는지 확인해.

\ 중요해! /

수를 일정하게 거꾸로 뛰어 세면 수가 일정하게 작아져.

4856 - 4846 - 4836 - ⬚ - ♥

2 두 수의 크기를 비교하여 ○ 안에 > 또는 <를 알맞게 써넣으세요.

(1) 2081 ○ 3743

(2) 6174 ○ 6948

(3) 5367 ○ 5329

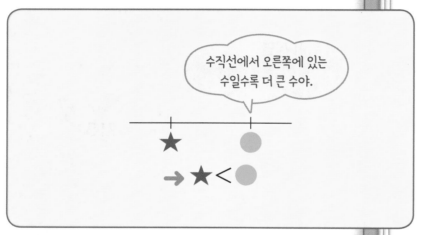

3 수직선을 보고 ○ 안에 > 또는 <를 알맞게 써넣으세요.

4209 ──────── 4213

4209 ○ 4213

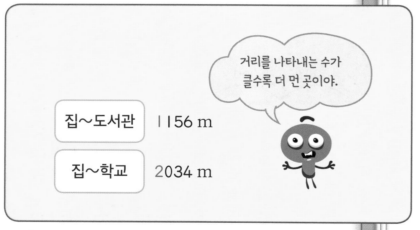

5 도서관과 학교 중 집에서 더 먼 곳은 어디일까요?

1156 m 집 2034 m
도서관   학교

6 가장 작은 수를 가지고 있는 사람은 누구일까요?

지혜 6718   영민 8529   서연 6705

7 수 카드 4장을 한 번씩만 사용하여 가장 큰 네 자리 수와 가장 작은 네 자리 수를 만들어 보세요.

가장 큰 네 자리 수 (　　　　　　)
가장 작은 네 자리 수 (　　　　　　)

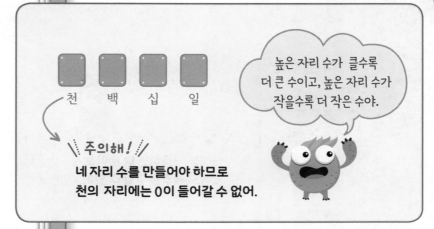

천　백　십　일

높은 자리 수가 클수록 더 큰 수이고, 높은 자리 수가 작을수록 더 작은 수야.

＼ 주의해! ／
네 자리 수를 만들어야 하므로 천의 자리에는 0이 들어갈 수 없어.

8 네 자리 수의 크기를 비교했습니다. 1부터 9까지의 수 중에서 □ 안에 들어갈 수 있는 수를 모두 쓰세요.

6258 < □609

높은 자리 수가 클수록 더 큰 수야.

6258 < □609

＼ 주의해! ／
천의 자리 수가 같을 때에는 백의 자리 수의 크기를 비교해.

수학적 독해력

⁺9 윤하와 민호가 박물관에서 입장 번호표를 받고 기다리고 있습니다. 번호 순서대로 입장한다고 할 때 더 오래 기다려야 하는 사람은 누구일까요?

윤하: 1342번　　　민호: 1086번

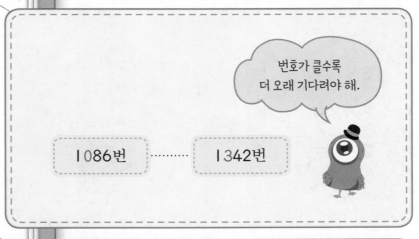

번호가 클수록 더 오래 기다려야 해.

1086번 ······ 1342번

수학적 표현력

⁺10 더 큰 수를 말한 사람은 누구인지 말해 보세요.

육천사백이십구
슬기

1000이 6개, 100이 3개, 10이 8개, 1이 7개인 수.
서준

육천사백이십구
슬기

1000이 6개, 100이 3개, 10이 8개, 1이 7개인 수.
서준

모두 수로 나타낸 다음 높은 자리 수부터 차례로 크기를 비교해.

2의 단 곱셈구구

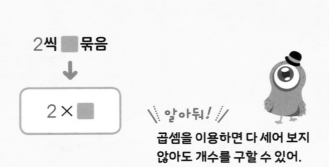

2씩 ▓ 묶음

↓

2 × ▓

알아둬!

곱셈을 이용하면 다 세어 보지
않아도 개수를 구할 수 있어.

$2 \times 5 = \boxed{}$
 ↘ +2
2×6
 ↘ +2
2×7
 ↘ +2
$2 \times 8 = \boxed{}$

2씩 3번 커졌어.

$2 \times 1 = \boxed{}$
 ↘ +2
$2 \times 2 = \boxed{}$
 ↘ +2
$2 \times 3 = \boxed{}$
⋮

2의 단 곱셈구구에서
곱하는 수가 1씩 커지면
곱은 2씩 커져.

[2 × ★ 을 계산하는 방법]

방법 1 $\underbrace{2 + 2 + \cdots + 2}_{★번}$

방법 2 $2 \times (★ - 1) + 2$

2 별이 모두 몇 개인지 곱셈식으로 나타내세요.

$2 \times \boxed{} = \boxed{}$ (개)

4 □ 안에 알맞은 수를 써넣으세요.

$\begin{cases} 2 \times 5 = \boxed{} \\ 2 \times 8 = \boxed{} \end{cases}$

→ 2 × 8은 2 × 5보다 $\boxed{}$ 만큼 더 큽니다.

5 □ 안에 알맞은 수를 써넣으세요.

$2 \times 7 = \boxed{}$
 ↘ +2
$2 \times 8 = \boxed{}$
 ↘ + $\boxed{}$
$2 \times 9 = \boxed{}$

6 2 × 4를 두 가지 방법으로 계산하려고 합니다. □ 안에 알맞은 수를 써넣으세요.

방법 1 2를 $\boxed{}$ 번 더하면

$2 \times 4 = \boxed{} + \boxed{} + \boxed{} + \boxed{}$
$ = \boxed{}$

방법 2 2 × 3에 $\boxed{}$ 를 더하면

$2 \times 3 = 6$
$2 \times 4 = \boxed{}$ ↗ + $\boxed{}$

2단원

7 비둘기 한 마리의 다리는 2개입니다. 비둘기 6마리의 다리는 모두 몇 개일까요?

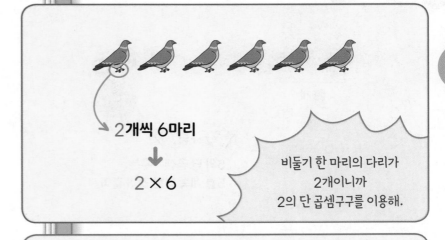

2개씩 6마리

↓

2×6

> 비둘기 한 마리의 다리가 2개이니까 2의 단 곱셈구구를 이용해.

8 ㉠과 ㉡에 알맞은 수를 각각 구하세요.

· 2×㉠=14
· 2×㉡=18

㉠ (   )

㉡ (   )

· 2×㉠=14
· 2×㉡=18

> 2의 단 곱셈구구를 외워서 곱이 14, 18이 되는 수를 찾아.

수학적 독해력

+9 빵이 한 봉지에 오른쪽과 같이 들어 있습니다. 7봉지에 들어 있는 빵은 모두 몇 개일까요?

2개씩 7봉지

↓

2×7

> 한 봉지에 빵이 2개씩 들어 있으니까 2의 단 곱셈구구를 이용해.

수학적 표현력

+10 2×6=12입니다. 2×9는 12보다 얼마나 더 큰지 설명해 보세요.

2×6=[   ]
                    +2
2×7
                    +2
2×8
                    +2
2×9=[   ]

> 2씩 몇 번 더 커졌는지 확인해.

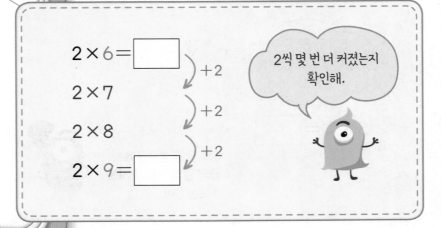

5의 단 곱셈구구

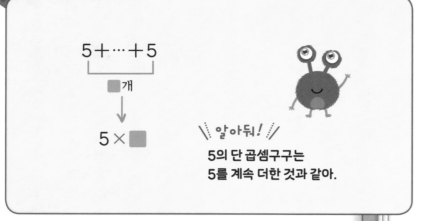

5의 단 곱셈구구는
5를 계속 더한 것과 같아.

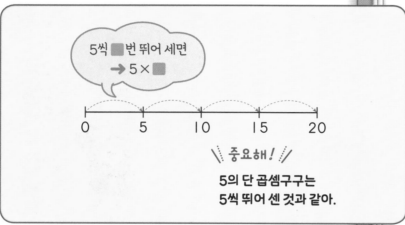

5씩 ■번 뛰어 세면
→ 5 × ■

중요해!

5의 단 곱셈구구는
5씩 뛰어 센 것과 같아.

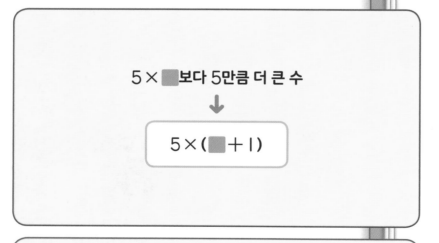

5 × ■보다 5만큼 더 큰 수
↓
5 × (■ + 1)

5의 단 곱셈구구에서
곱하는 수가 1씩 커지면
곱은 5씩 커져.

5 × ■ = □

알아둬!

5의 단 곱셈구구에서
곱의 일의 자리 숫자는
0 또는 5야.

1 그림을 보고 □ 안에 알맞은 수를 써넣으세요.

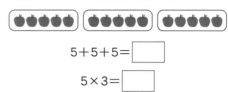

$5 + 5 + 5 = \boxed{}$

$5 \times 3 = \boxed{}$

2 그림을 보고 □ 안에 알맞은 수를 써넣으세요.

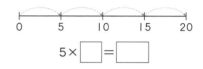

$5 \times \boxed{} = \boxed{}$

4 □ 안에 알맞은 수를 써넣으세요.

5 × 7보다 5만큼 더 큰 수
→ □

6 5의 단 곱셈구구의 곱을 모두 찾아 ○표 하세요.

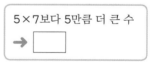

1	2	3	4	5	6	7	8	9
10	11	12	13	14	15	16	17	18
19	20	21	22	23	24	25	26	27
28	29	30	31	32	33	34	35	36

7 나무토막 한 개의 길이는 5 cm입니다. 나무토막 5개의 길이는 몇 cm일까요?

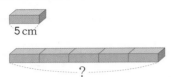

5 cm

?

5 cm가 ▨개

↓

5 × ▨ (cm)

8 ㉠과 ㉡의 합은 얼마일까요?

• 5 × 3 = ㉠
• 5 × ㉡ = 30

5의 단 곱셈구구를 외워 봐.

\\ 주의해! //
구하는 것은 ㉠+㉡이야.

• 5 × 3 = ㉠
• 5 × ㉡ = 30

수학적 독해력

⁺9 1부터 9까지의 수 중에서 □ 안에 들어갈 수 있는 수를 모두 구하세요.

5 × □ < 17

5 × 3 = 15

5 × □ < 17

5의 단 곱셈구구를 외워 곱이 17과 가장 가까운 것을 먼저 찾아.

수학적 표현력

⁺10 5 × 4를 계산하는 방법을 두 가지로 설명해 보세요.

[5 × ★을 계산하는 방법]

방법 1 5 + 5 + ⋯ + 5
　　　　　 └──────┘
　　　　　　　★번

방법 2 5 × (★ − 1) + 5

2단원

09_일 3의 단과 6의 단 곱셈구구

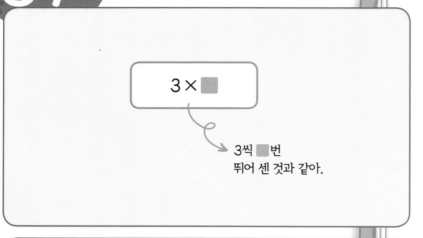

$3 \times \blacksquare$

↳ 3씩 ■번
뛰어 센 것과 같아.

1 곱셈식을 수직선에 나타내고 □ 안에 알맞은 수를 써넣으세요.

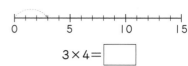

$3 \times 4 =$ □

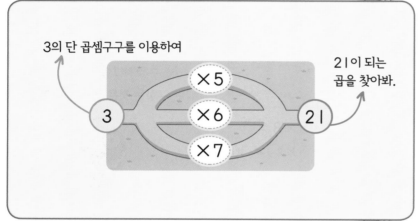

3의 단 곱셈구구를 이용하여

$\times 5$ / $\times 6$ / $\times 7$

3   21

21이 되는 곱을 찾아봐.

2 곱셈이 옳게 되도록 선으로 이어 보세요.

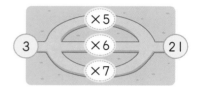

3    $\times 5$ / $\times 6$ / $\times 7$ 21

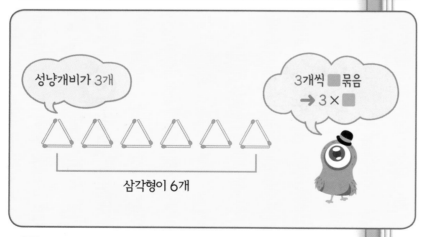

성냥개비가 3개

3개씩 ■묶음
→ 3 × ■

삼각형이 6개

4 그림과 같이 성냥개비로 만든 삼각형이 6개 있습니다. 사용한 삼각형은 모두 몇 개인지 곱셈식으로 나타내세요.

$\triangle \triangle \triangle \triangle \triangle \triangle$

$3 \times$ □ $=$ □

3씩 ■묶음 → $3 \times \blacksquare = 3 + 3 + \cdots + 3$

■번

\ 알아둬! /

5묶음은 4묶음＋1묶음, 3묶음＋2묶음 등 여러 가지로 생각할 수 있어.

6 모형의 전체 개수를 알아보는 방법으로 옳은 것을 모두 찾아 기호를 쓰세요.

⊙ 3＋3＋3＋3으로 3을 네 번 더해서 구합니다.
ⓒ 3×5의 곱으로 구합니다.
ⓒ 3×3에 3×2를 더해서 구합니다.
ⓔ 3×4에 3×2를 더해서 구합니다.

7 〈보기〉와 같이 수 카드를 한 번씩만 사용하여 □ 안에 알맞은 수를 써넣으세요.

〈보기〉
2 1 7 → 3 × 7 = 2 1

(1) 1 2 4 → 3 × □ = □ □

(2) 4 5 9 → 6 × □ = □ □

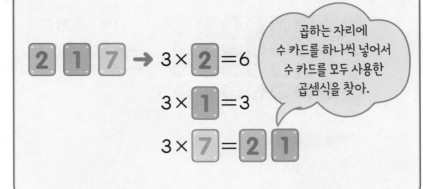

곱하는 자리에
수 카드를 하나씩 넣어서
수 카드를 모두 사용한
곱셈식을 찾아.

2 1 7 → 3 × 2 = 6
3 × 1 = 3
3 × 7 = 2 1

8 □ 안에 들어갈 수 있는 가장 작은 두 자리 수는 얼마일까요?

6 × 5 < □

□ 안에 들어갈 수 있는 가장 작은
두 자리 수는 ★보다 1 큰 수야.

6 × 5 < □
↓
★

수학적
독해력

+9 다음에서 설명하는 수를 구하세요.

• 3의 단 곱셈구구의 값도 되고 6의 단 곱셈
구구의 값도 됩니다.
• 20과 25 사이의 수입니다.

20과 25 사이의 수 중에서
3의 단도 되고 6의 단도 되는
수를 찾아.

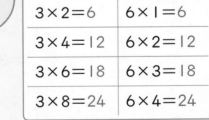

3 × 2 = 6	6 × 1 = 6
3 × 4 = 12	6 × 2 = 12
3 × 6 = 18	6 × 3 = 18
3 × 8 = 24	6 × 4 = 24

수학적
표현력

+10 슬기가 6 × 9를 계산하는 방법을 <u>잘못</u> 설명한 것입니다. 바르게 고쳐 보세요.

6 × 8에 9를 더하면 돼.

슬기

$$6 \times 8 = 6 + 6 + \cdots + 6 + 6$$
8번

$$6 \times 9 = 6 + 6 + \cdots + 6 + 6 + 6$$
8번

4의 단과 8의 단 곱셈구구

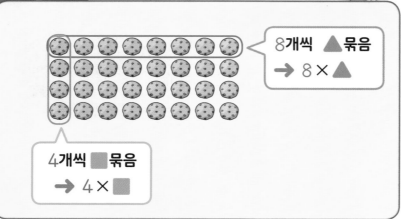

8개씩 ▲묶음
→ 8 × ▲

4개씩 ■묶음
→ 4 × ■

8 cm가 ■개 → 8 × ■(cm)

4의 단 곱셈구구에서 곱이 36이 되는 수를 찾아봐.

4 × □ = 36

다리가 4개

의자가 8개

4개씩 ■묶음
→ 4 × ■

2 4의 단 곱셈구구와 8의 단 곱셈구구를 이용하여 쿠키의 수를 구하세요.

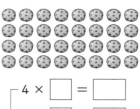

4 × □ = □
8 × □ = □

3 한 장의 길이가 8 cm인 색 테이프 5장을 그림과 같이 겹치지 않게 이어 붙였습니다. 이어 붙인 색 테이프의 전체 길이는 몇 cm일까요?

8 cm

(   )

4 □ 안에 알맞은 수를 써넣으세요.

4

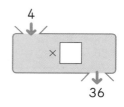

× □

36

5 다리가 4개씩 있는 의자가 8개 있습니다. 다리는 모두 몇 개일까요?

7 다음 두 곱셈구구의 곱이 같을 때 □ 안에 알맞은 수를 구하세요.

$$8 \times 2 \qquad 4 \times \square$$

먼저 ★을 구한 다음,
4의 단 곱셈구구를 외워
곱이 ★이 되는 수를 찾아.

$$8 \times 2 = 4 \times \square$$

★

8 □ 안에 들어갈 수 있는 수는 모두 몇 개일까요?

$$4 \times 5 < \square < 8 \times 3$$

★보다 크고
♥보다 작은 수를
모두 세어 봐.

$$4 \times 5 < \square < 8 \times 3$$

★　　♥

수학적 독해력

+9 그림에서 ▨ 안의 수는 양 끝의 ◯ 안에 있는 두 수의 곱입니다. ◯ 안에 1부터 9까지의 수 중 알맞은 수를 써넣으세요.

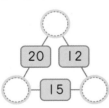

먼저 하나의 곱셈구구를
구한 다음 나머지를 생각해.

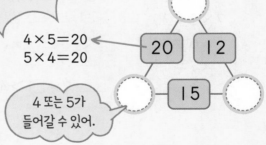

$$4 \times 5 = 20$$
$$5 \times 4 = 20$$

4 또는 5가
들어갈 수 있어.

수학적 표현력

+10 4장의 수 카드 중에서 2장을 골라 한 번씩만 사용하여 곱셈구구를 만들려고 합니다. 만들 수 있는 곱셈구구의 가장 큰 곱과 가장 작은 곱의 차는 얼마인지 말해 보세요.

가장 큰 곱 = 가장 큰 수 × 두 번째로 큰 수

가장 작은 곱 = 가장 작은 수 × 두 번째로 작은 수

2. 곱셈구구 · **21**

7의 단과 9의 단 곱셈구구

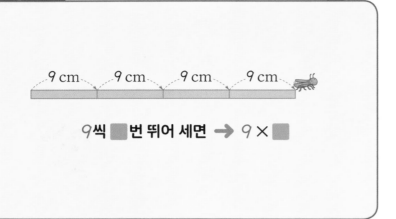

9씩 ■ 번 뛰어 세면 → 9 × ■

2 9의 단 곱셈구구로 뛴 전체 거리를 구하세요.

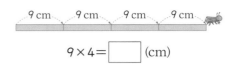

9 cm 9 cm 9 cm 9 cm

$9 × 4 =$ ☐ (cm)

9의 단 곱셈구구를 이용해.

㉠ 9 × 6   ㉡ 9 × 4

\ 주의해! /

'차'를 구하려면 큰 수에서 작은 수를 빼야 해.

4 ㉠과 ㉡의 차를 구하세요.

㉠ 9 × 6   ㉡ 9 × 4

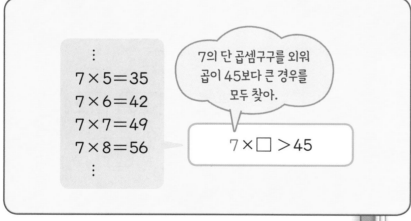

⋮
7 × 5 = 35
7 × 6 = 42
7 × 7 = 49
7 × 8 = 56
⋮

7의 단 곱셈구구를 외워 곱이 45보다 큰 경우를 모두 찾아.

7 × ☐ > 45

5 1부터 9까지의 수 중에서 ☐ 안에 들어갈 수 있는 수를 모두 구하세요.

7 × ☐ > 45

6 3장의 수 카드 중 2장을 뽑아 곱셈을 할 때, 두 수의 곱이 가장 큰 곱을 구하세요.

9 7 8

곱하는 두 수가 클수록 곱이 커져.

가장 큰 곱 = │ 가장 큰 수 │ × │ 두 번째로 큰 수 │

7 □ 안에 알맞은 수를 써넣으세요.

$$7 \times ★ = 42$$
$$9 \times ♥ = 36$$

$$★ \times ♥ = \boxed{}$$

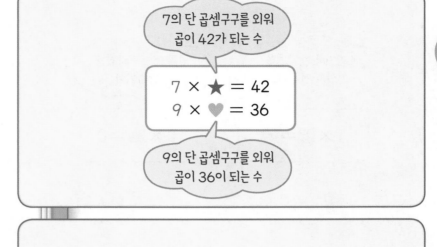

7의 단 곱셈구구를 외워
곱이 42가 되는 수

$$7 \times ★ = 42$$
$$9 \times ♥ = 36$$

9의 단 곱셈구구를 외워
곱이 36이 되는 수

8 연필을 가장 많이 가지고 있는 친구는 누구일까요?

서준: 난 연필을 9자루씩 5묶음 가지고 있어.
수현: 내가 가지고 있는 연필은 서준이보다 2
자루 더 많아.
종욱: 나는 연필을 7자루씩 7묶음 가지고 있어.

■**자루씩** ▲**묶음**

↓

■ × ▲

수학적 독해력

⁺9 어떤 수에 7을 곱해야 할 것을 잘못하여 6을 곱했
더니 36이 되었습니다. 바르게 계산하면 얼마일
까요?

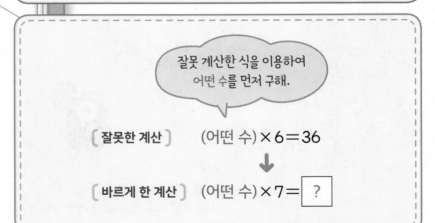

잘못 계산한 식을 이용하여
어떤 수를 먼저 구해.

[잘못한 계산] (어떤 수) × 6 = 36

↓

[바르게 한 계산] (어떤 수) × 7 = ?

수학적 표현력

⁺10 곱셈구구를 이용하여 모형의 수를 계산하려고 합
니다. 모형 36개를 계산할 수 있는 방법을 한 가
지 더 말해 보세요.

2 × 2와 7 × 5를
더해서 구했습니다.

□ × □

곱셈구구를 이용하여
여러 가지 방법으로 모형의 수를
계산할 수 있어.

□ × □

1의 단 곱셈구구 / 0과 어떤 수의 곱

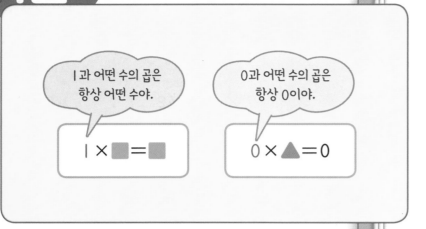

1과 어떤 수의 곱은 항상 어떤 수야.

0과 어떤 수의 곱은 항상 0이야.

$1 \times \blacksquare = \blacksquare$

$0 \times \blacktriangle = 0$

3 계산 결과가 다른 하나를 찾아 기호를 쓰세요.

ㄱ 0×7 ㄴ 7×0
ㄷ 1×7 ㄹ 1×0

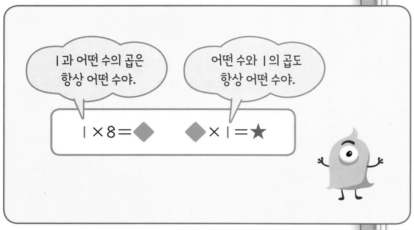

1과 어떤 수의 곱은 항상 어떤 수야.

어떤 수와 1의 곱도 항상 어떤 수야.

$1 \times 8 = \blacklozenge$ $\blacklozenge \times 1 = \bigstar$

4 ★에 알맞은 수를 구하세요.

$1 \times 8 = \blacklozenge$ $\blacklozenge \times 1 = \bigstar$

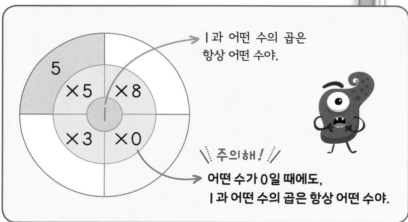

1과 어떤 수의 곱은 항상 어떤 수야.

5
×5 ×8
1
×3 ×0

\ 주의해! /

어떤 수가 0일 때에도,
1과 어떤 수의 곱은 항상 어떤 수야.

5 곱셈을 이용하여 빈 곳에 알맞은 수를 써넣으세요.

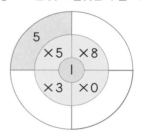

5
×5 ×8
1
×3 ×0

영민이는 연필을 1자루씩 6명의 친구들에게 주었습니다.

| 친구들에게 준 연필의 수 | = | 1명에게 준 연필의 수 | × | 친구의 수 |

6 영민이는 연필을 1자루씩 6명의 친구들에게 주었습니다. 영민이가 친구들에게 준 연필은 모두 몇 자루일까요?

7 어떤 수와 1을 곱했더니 4가 되었습니다. 6과 어떤 수의 곱은 얼마일까요?

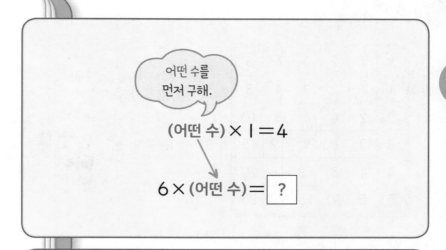

어떤 수를 먼저 구해.

$$(어떤 수) \times 1 = 4$$

$$6 \times (어떤 수) = \boxed{?}$$

8 달리기 경기에서 다음과 같이 등수에 따라 점수를 얻습니다. 지혜네 반에는 1등이 1명, 2등이 1명, 3등이 4명 있습니다. 지혜네 반의 달리기 점수는 모두 몇 점일까요?

등수	1등	2등	3등
점수(점)	3	2	1

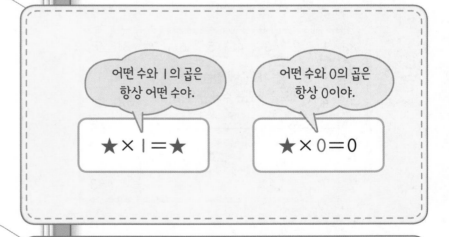

각 점수에 학생 수를 곱해서 반 전체의 점수를 구해.

등수	1등	2등	3등
점수(점)	3	2	1
	×	×	×
	1명	1명	4명

모두 더한 값이 지혜네 반의 달리기 점수야.

수학적 독해력

⁺9 같은 모양은 같은 한 자리 숫자를 나타낼 때 ㉠×㉡의 값을 구하세요.

- ★×★=49
- ★×1=㉠
- ★×0=㉡

어떤 수와 1의 곱은 항상 어떤 수야.

$$★ \times 1 = ★$$

어떤 수와 0의 곱은 항상 0이야.

$$★ \times 0 = 0$$

수학적 표현력

⁺10 서연이는 과녁 맞히기 놀이를 하여 오른쪽과 같이 맞혔습니다. 서연이가 얻은 점수는 몇 점인지 설명해 보세요.

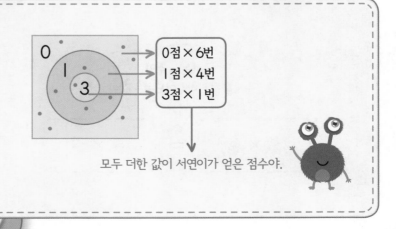

0점 × 6번
1점 × 4번
3점 × 1번

모두 더한 값이 서연이가 얻은 점수야.

×	1	2	3	4	5
1	1	2	3	4	5
2	2	4	6	8	10
3	3	6	9	12	15
4	4	8	12	16	20
5	5	10	15	20	25

■씩 커지는 곱셈구구는 ■의 단 곱셈구구야.

→ 3씩 커지는 규칙

1 빨간색 선으로 둘러싸인 곳과 규칙이 같은 곳을 찾아 파란색으로 색칠하세요.

×	1	2	3	4	5
1	1	2	3	4	5
2	2	4	6	8	10
3	3	6	9	12	15
4	4	8	12	16	20
5	5	10	15	20	25

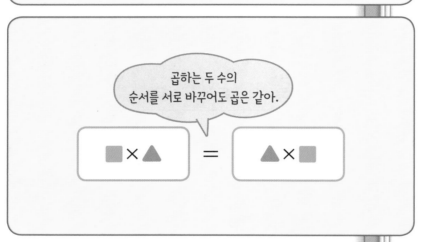

곱하는 두 수의 순서를 서로 바꾸어도 곱은 같아.

$$■ × ▲ = ▲ × ■$$

3 그림을 보고 □ 안에 알맞은 수를 써넣고, 알맞은 말에 ○표 하세요.

$2 × \boxed{} = \boxed{}$, $5 × \boxed{} = \boxed{}$

2×5의 곱과 5×2의 곱은 (같습니다 , 다릅니다).

×	1	2	3	4	5	6	⑦	8	9
3	3								
4	4							32	㉠
⑤		10					♥		45
6					30		42		
7	7		㉡						63

♥는 가로줄에 있는 수와 세로줄에 있는 수의 곱이야.

4 ♥에 들어갈 수를 구하는 곱셈식을 2개 쓰세요.

×	1	2	3	4	5	6	7	8	9
3	3			12					
4	4		12			24		32	㉠
5		10					♥		45
6					30		42		
7	7		㉡						63

6 6×7과 곱이 같은 곱셈구구를 쓰세요.

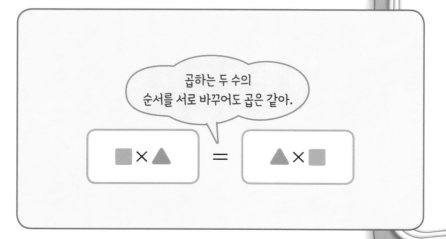

곱하는 두 수의 순서를 서로 바꾸어도 곱은 같아.

$$■ × ▲ = ▲ × ■$$

7 곱셈표에서 곱이 30인 칸을 모두 찾아 기호를 쓰세요.

×	1	2	3	4	5	6	7	8	9
5	5	10	15	㉠		㉡			45
6		12			㉢		42	48	
7	7		㉣	28				㉤	

$$\blacksquare \times \blacktriangle = \blacktriangle \times \blacksquare = 30$$

8 곱셈표에서 점선을 따라 접었을 때 ★과 만나는 칸에 알맞은 수를 써넣으세요.

×	3	4	5	6	7
3					
4				★	
5					
6					
7					

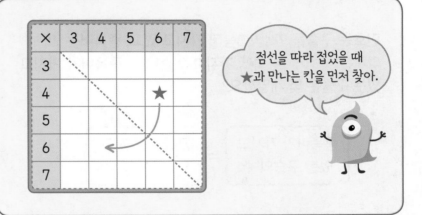

점선을 따라 접었을 때 ★과 만나는 칸을 먼저 찾아.

수학적 독해력

+9 곱셈표에서 ㉠과 ㉡에 알맞은 수를 각각 구하세요.

×	3	㉠	7	9
5	15			45
6		30		
		㉡	49	

㉠ (   )

㉡ (   )

$\blacksquare \times 7 = 49$를 이용하여 $\blacksquare$를 먼저 구한 다음 ㉡을 구해.

수학적 표현력

+10 곱셈표에서 〈보기〉와 같이 규칙을 찾아 쓰세요.

×	0	1	2	3	4	5	6	7	8	9
6	0	6	12	18	24	30	36	42	48	54
7	0	7	14	21	28	35	42	49	56	63
8	0	8	16	24	32	40	48	56	64	72
9	0	9	18	27	36	45	54	63	72	81

〈보기〉
7의 단 곱셈구구에서는 곱이 7씩 커집니다.

$\blacksquare$의 단 곱셈구구는 곱이 $\blacksquare$씩 커져.

×	0	1	2	3	4	5	6	7	8	9
6	0	6	12	18	24	30	36	42	48	54
7	0	7	14	21	28	35	42	49	56	63
8	0	8	16	24	32	40	48	56	64	72
9	0	9	18	27	36	45	54	63	72	81

곱셈구구를 이용하여 문제 해결하기

운동장에 학생이 8명씩 3줄로 서 있습니다. 운동장에 서 있는 학생은 모두 몇 명일까요?

운동장에 서 있는 학생의 수	=	한 줄에 서 있는 학생의 수	×	줄의 수

3 운동장에 학생이 8명씩 3줄로 서 있습니다. 운동장에 서 있는 학생은 모두 몇 명일까요?

민호는 구슬을 9개씩 5봉지 가지고 있고, 종욱이는 민호보다 구슬을 8개 더 적게 가지고 있습니다. 종욱이가 가지고 있는 구슬은 몇 개일까요?

종욱이가 가지고 있는 구슬의 수	=	민호가 가지고 있는 구슬의 수	− 8

4 민호는 구슬을 9개씩 5봉지 가지고 있고, 종욱이는 민호보다 구슬을 8개 더 적게 가지고 있습니다. 종욱이가 가지고 있는 구슬은 몇 개일까요?

연필이 90자루 있습니다. 이 연필을 7자루씩 8명에게 나누어 주었다면 남은 연필은 몇 자루일까요?

남은 연필의 수	=	처음에 있던 연필의 수	−	나누어 준 연필의 수

5 연필이 90자루 있습니다. 이 연필을 7자루씩 8명에게 나누어 주었다면 남은 연필은 몇 자루일까요?

두발자전거 3대와 세발자전거 4대가 있습니다. 자전거 바퀴는 모두 몇 개일까요?

전체 자전거 바퀴의 수	=	두발자전거 바퀴의 수	+	세발자전거 바퀴의 수

6 두발자전거 3대와 세발자전거 4대가 있습니다. 자전거 바퀴는 모두 몇 개일까요?

2 단원

7 공책을 슬기에게는 7권씩 3묶음을 주었고, 로운이에게는 4권씩 5묶음을 주었더니 2권이 남았습니다. 처음에 있던 공책은 모두 몇 권일까요?

공책을 슬기에게는 7권씩 3묶음을 주었고, 로운이에게는 4권씩 5묶음을 주었더니 2권이 남았습니다. 처음에 있던 공책은 모두 몇 권일까요?

처음에 있던 공책의 수	=	슬기에게 준 공책의 수	+	로운이에게 준 공책의 수	+ 2

8 주사위를 던져서 나온 눈의 횟수를 나타내었습니다. 나온 주사위 눈의 수의 전체 합은 얼마일까요?

주사위 눈	•	••	•.•	::	::.	:::
나온 횟수(번)	5	3	0	4	3	0

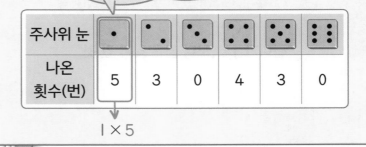

(주사위 눈의 수)×(나온 횟수)의 꼴로 곱셈식을 만들어서 모두 더해.

주사위 눈	•	••	•.•	::	::.	:::
나온 횟수(번)	5	3	0	4	3	0

1 × 5

수학적 독해력

+9 과일 가게에 복숭아가 한 상자에 6개씩 9상자 있었습니다. 이 중에서 14개를 팔고 남은 복숭아를 8상자에 똑같이 나누어 담았다면 한 상자에 몇 개씩 담았을까요?

과일 가게에 복숭아가 한 상자에 6개씩 9상자 있었습니다. 이 중에서 14개를 팔고 남은 복숭아를 8상자에 똑같이 나누어 담았다면 한 상자에 몇 개씩 담았을까요?

팔고 남은 복숭아의 수	=	처음 복숭아의 수	—	판매한 복숭아의 수

↳ 남은 복숭아의 수를 8 × □로 나타내 봐.

+10 오각형 9개의 꼭짓점은 모두 몇 개인지 설명해 보세요.

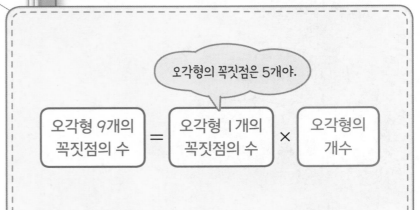

오각형의 꼭짓점은 5개야.

오각형 9개의 꼭짓점의 수	=	오각형 1개의 꼭짓점의 수	×	오각형의 개수

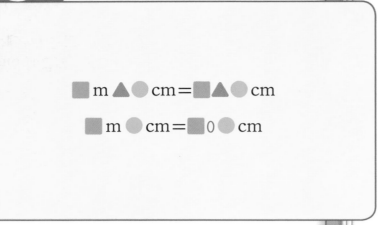

1 cm보다 더 큰 단위

3 길이에 대해 잘못 설명한 것을 찾아 기호를 쓰세요.

> ㉠ 5 m 40 cm는 5 미터 40 센티미터라고
> 읽습니다.
> ㉡ 6 m 6 cm는 660 cm입니다.
> ㉢ 734 cm는 7 m 34 cm입니다.

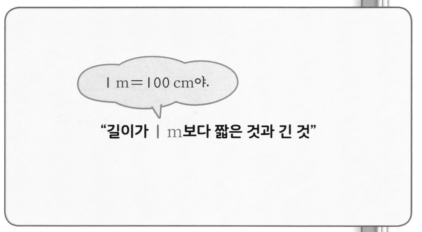

4 길이가 1 m보다 짧은 것과 긴 것을 모두 찾아 기호를 쓰세요.

> ㉠ 냉장고의 높이　㉡ 연필의 길이
> ㉢ 리코더의 길이　㉣ 칠판 긴 쪽의 길이

1 m보다 짧은 것 (　　　　)
1 m보다 긴 것 (　　　　)

5 수현이의 키는 1 m보다 39 cm 더 큽니다. 수현이의 키는 몇 m 몇 cm일까요?

6 우리나라의 남자 높이뛰기 최고 기록은 236 cm입니다. 우리나라의 남자 높이뛰기 최고 기록은 몇 m 몇 cm일까요?

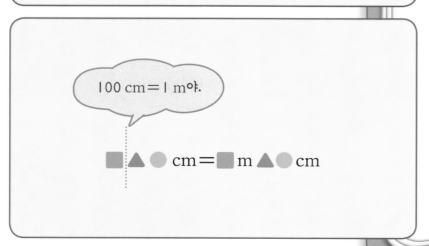

7 1 m를 바르게 설명한 사람은 누구일까요?

길이가 1 cm인 나무 막대 10개를 한 줄로 이어 붙인 길이야.

슬기

길이가 10 cm인 색 테이프 10장을 겹치지 않게 이은 길이야.

서준

$$1 m = 100 cm$$

8 길이를 바르게 나타낸 주머니는 초록색, 틀리게 나타낸 주머니는 빨간색으로 색칠해 보세요.

1 m 9 cm
=109 cm

705 cm
=7 m 50 cm

9 m 3 cm
=930 cm

■ m ● cm = ■0 ● cm

■0 ● cm = ■ m ● cm

수학적 독해력

+9 윤하는 길이가 3 m인 끈을 가지고 있습니다. 민호는 윤하가 가지고 있는 끈보다 28 cm 더 긴 끈을 가지고 있습니다. 민호가 가지고 있는 끈은 몇 cm일까요?

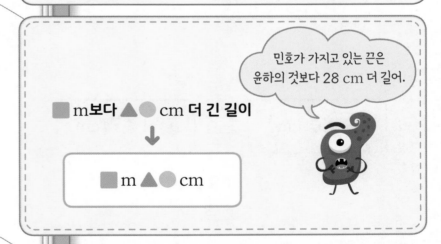

민호가 가지고 있는 끈은 윤하의 것보다 28 cm 더 길어.

■ m보다 ▲● cm 더 긴 길이

↓

■ m ▲● cm

수학적 표현력

+10 서연이의 말이 잘못된 이유를 쓰고, 바르게 고쳐 보세요.

서연

1127 cm는 112 m 7 cm이니까 112 미터 7 센티미터라고 읽어.

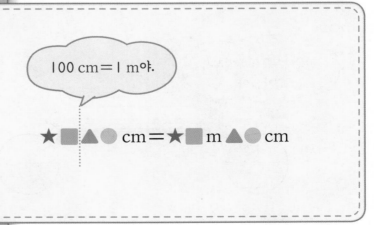

100 cm = 1 m야.

★■▲● cm = ★■ m ▲● cm

자로 길이 재기

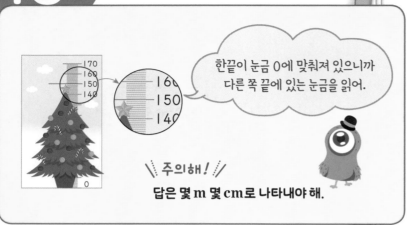

한끝이 눈금 0에 맞춰져 있으니까
다른 쪽 끝에 있는 눈금을 읽어.

\ 주의해! /
답은 몇 m 몇 cm로 나타내야 해.

자신의 키와 물건의 길이를 비교하면서
약 2 m인 물건을 모두 찾아.

"길이가 약 2 m인 물건"

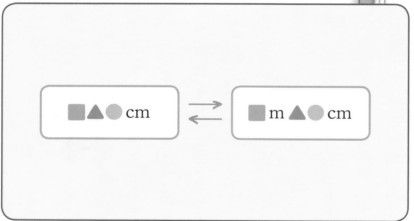

■▲● cm ⇄ ■ m ▲● cm

한끝이 눈금 0에 맞춰져
있지 않아.

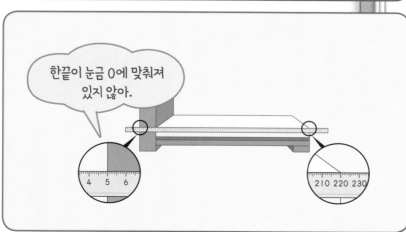

2 크리스마스트리의 높이는 몇 m 몇 cm일까요?

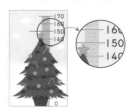

4 길이가 약 2 m인 물건을 모두 찾아 기호를 쓰세요.

㉠ 우산의 길이   ㉡ 방문의 높이
㉢ 의자의 높이   ㉣ 옷장의 높이

5 물건의 길이를 자로 재고, 잰 길이를 두 가지 방법
으로 나타낸 것입니다. 빈칸에 알맞게 써넣으세요.

물건	□ cm	□ m □ cm
책장의 높이	165 cm	
창문의 높이		2 m 30 cm

6 침대의 긴 쪽의 길이를 잘못 잰 이유를 바르게 설명
한 사람은 누구입니까?

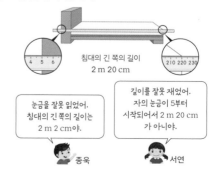

7 길이가 더 긴 줄넘기의 기호를 쓰세요.

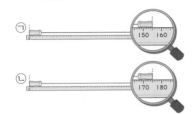

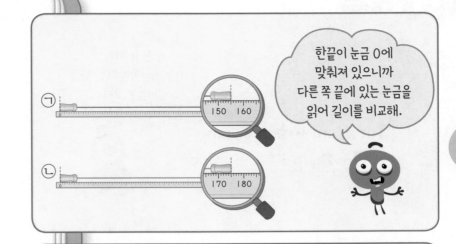

> 한끝이 눈금 0에 맞춰져 있으니까 다른 쪽 끝에 있는 눈금을 읽어 길이를 비교해.

8 0부터 9까지의 수 중에서 □ 안에 들어갈 수 있는 수를 모두 구하세요.

$$5\square4 \text{ cm} > 5 \text{ m } 68 \text{ cm}$$

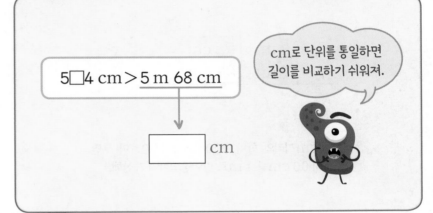

> cm로 단위를 통일하면 길이를 비교하기 쉬워져.

$$5\square4 \text{ cm} > \underline{5 \text{ m } 68 \text{ cm}}$$

⬇

☐ cm

수학적 **독해력**

⁺9 수현이는 1 m 줄자로 거실에 있는 소파 긴 쪽의 길이를 재었더니 3번 재고 10 cm가 남았습니다. 수현이네 집에 있는 소파 긴 쪽의 길이는 몇 cm 일까요?

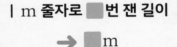

1 m 줄자로 ▨번 잰 길이

→ ▨m

〳 주의해! 〵

소파 긴 쪽의 길이를 자로 재고 10 cm가 남았으니까 소파 긴 쪽의 길이는 잰 길이보다 10 cm가 더 길어.

수학적 **표현력**

⁺10 ㉮, ㉯, ㉰ 세 철사의 길이를 줄자를 사용하여 잰 것입니다. 길이가 가장 긴 철사는 어느 것인지 말해 보세요.

㉮ 3 미터 35 센티미터
㉯ 305 cm
㉰ 3 m 52 cm

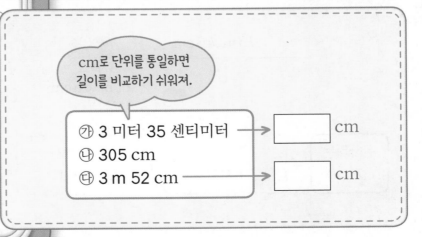

> cm로 단위를 통일하면 길이를 비교하기 쉬워져.

㉮ 3 미터 35 센티미터 → ☐ cm
㉯ 305 cm
㉰ 3 m 52 cm → ☐ cm

17일 길이의 합 구하기

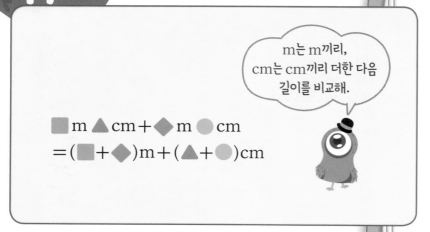

m는 m끼리, cm는 cm끼리 더한 다음 길이를 비교해.

$$\blacksquare\,m\,\blacktriangle\,cm + \blacklozenge\,m\,\bullet\,cm$$
$$=(\blacksquare + \blacklozenge)m + (\blacktriangle + \bullet)cm$$

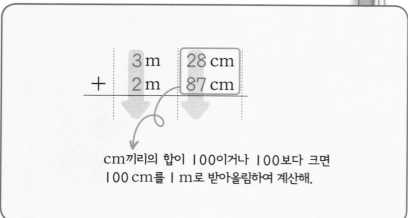

cm끼리의 합이 100이거나 100보다 크면 100 cm를 1 m로 받아올림하여 계산해.

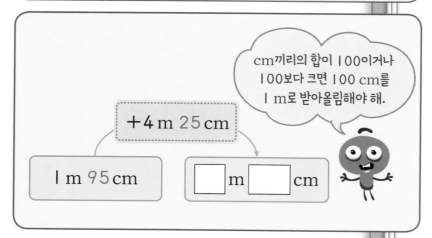

cm끼리의 합이 100이거나 100보다 크면 100 cm를 1 m로 받아올림해야 해.

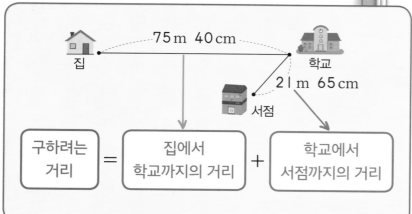

3 길이가 긴 것부터 차례로 기호를 쓰세요.

> ㉠ 4 m 42 cm + 4 m 27 cm
> ㉡ 5 m 23 cm + 3 m 56 cm
> ㉢ 7 m 14 cm + 1 m 38 cm

4 계산이 잘못된 곳을 찾아 바르게 계산해 보세요.

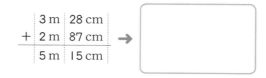

5 □ 안에 알맞은 수를 써넣으세요.

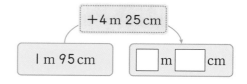

6 집에서 학교를 거쳐 서점까지 가는 거리는 몇 m 몇 cm일까요?

7 ●와 ▲에 알맞은 수를 각각 구하세요.

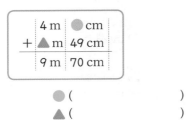

        4 m ● cm
   + ▲ m 49 cm
        9 m 70 cm

   ● (   )
   ▲ (   )

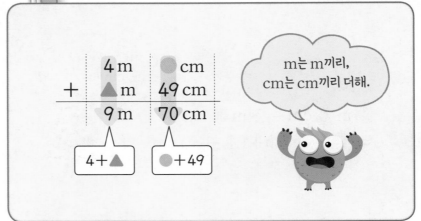

m는 m끼리,
cm는 cm끼리 더해.

       4 m   ● cm
   +   ▲ m   49 cm
       9 m   70 cm

   4+▲   ●+49

8 □ 안에 들어갈 수 있는 가장 작은 수를 구하세요

   3 m 52 cm＋2 m 60 cm＜□ m

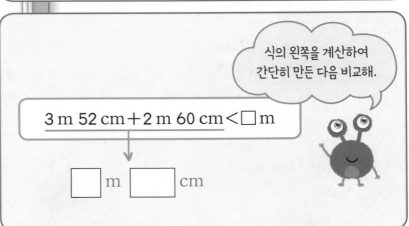

식의 왼쪽을 계산하여
간단히 만든 다음 비교해.

3 m 52 cm＋2 m 60 cm＜□ m

↓

□ m   □ cm

수학적
독해력

⁺**9** 윤하는 길이가 7 m 37 cm인 리본을 가지고 있
고 민호는 윤하보다 I m I4 cm 더 긴 리본을 가
지고 있습니다. 민호가 가지고 있는 리본의 길이
는 몇 m 몇 cm일까요?

윤하는 길이가 7 m 37 cm인 리본을 가지고 있고 민호는
윤하보다 I m I4 cm 더 긴 리본을 가지고 있습니다. 민
호가 가지고 있는 리본의 길이는 몇 m 몇 cm일까요?

민호가
가지고 있는   =   윤하가
가지고 있는   ＋ I m I4 cm
리본의 길이   리본의 길이

수학적
표현력

⁺**10** 가장 긴 길이와 가장 짧은 길이의 합은 몇 m 몇
cm인지 구하세요.

   4 m 7 cm   429 cm   4 m 23 cm

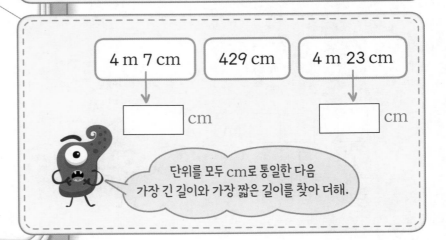

4 m 7 cm   429 cm   4 m 23 cm

↓   ↓

□ cm   □ cm

단위를 모두 cm로 통일한 다음
가장 긴 길이와 가장 짧은 길이를 찾아 더해.

18일 길이의 차 구하기

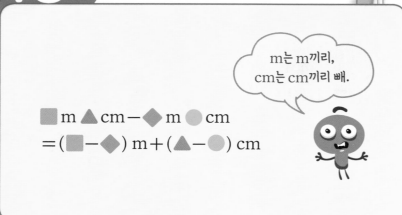

m는 m끼리,
cm는 cm끼리 빼.

$$\blacksquare\ m\ \blacktriangle\ cm - \blacklozenge\ m\ \bullet\ cm$$
$$= (\blacksquare - \blacklozenge)\ m + (\blacktriangle - \bullet)\ cm$$

1 관계있는 것끼리 선으로 이어 보세요.

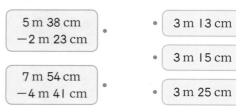

5 m 38 cm − 2 m 23 cm		3 m 13 cm
7 m 54 cm − 4 m 41 cm		3 m 15 cm
		3 m 25 cm

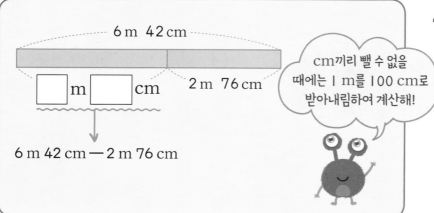

6 m 42 cm

☐ m ☐ cm   2 m 76 cm

cm끼리 뺄 수 없을
때에는 1 m를 100 cm로
받아내림하여 계산해!

6 m 42 cm − 2 m 76 cm

4 ☐ 안에 알맞은 수를 써넣으세요.

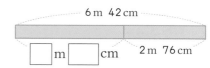

6 m 42 cm

☐ m ☐ cm   2 m 76 cm

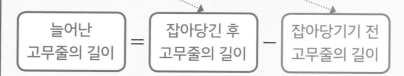

길이가 3 m 88 cm인 고무줄을 양쪽에서 잡아당겼더니
4 m 35 cm가 되었습니다. 처음보다 고무줄이 몇 cm 늘
었을까요?

| 늘어난
고무줄의 길이 | = | 잡아당긴 후
고무줄의 길이 | − | 잡아당기기 전
고무줄의 길이 |

5 길이가 3 m 88 cm인 고무줄을 양쪽에서 잡아당
겼더니 4 m 35 cm가 되었습니다. 처음보다 고무
줄이 몇 cm 늘었을까요?

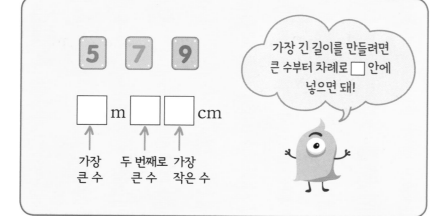

5   7   9

가장 긴 길이를 만들려면
큰 수부터 차례로 ☐ 안에
넣으면 돼!

☐ m ☐ ☐ cm

↑ 가장
큰 수   ↑ 두 번째로
가장 큰 수   ↑ 가장
작은 수

6 수 카드 3장을 한 번씩만 사용하여 가장 긴 길이를
만들고, 그 길이와 6 m 32 cm의 차를 구하세요.

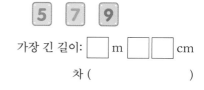

5   7   9

가장 긴 길이: ☐ m ☐ ☐ cm

차 (   )

7 4개의 리본을 겹치지 않게 2개씩 이어 붙여 길이가 같은 리본 두 개를 만들었습니다. 리본 ㉠의 길이는 몇 m 몇 cm인지 구하세요.

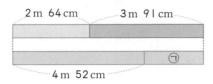

2 m 64 cm · 3 m 91 cm

길이가 같아.

4 m 52 cm

(위쪽 리본의 길이) — 4 m 52 cm

위쪽 리본의 길이를 알면 ㉠의 길이도 알 수 있어.

8 서연이는 학교에서 출발하여 문구점에 들렀다가 집에 갔습니다. 서연이가 움직인 거리는 몇 m 몇 cm일까요?

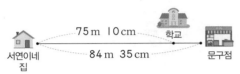

75 m 10 cm 학교
서연이네 집
84 m 35 cm 문구점

| 서연이가 움직인 거리 | = | 학교에서 문구점까지의 거리 | + | 문구점에서 집까지의 거리 |

수학적 독해력

+9 영민이는 매일 아빠와 함께 줄넘기를 합니다. 아빠의 줄넘기의 길이는 2 m 60 cm이고 영민이의 줄넘기의 길이는 아빠의 줄넘기의 길이보다 1 m 10 cm 더 짧습니다. 영민이의 줄넘기의 길이는 몇 m 몇 cm일까요?

아빠의 줄넘기의 길이는 2 m 60 cm이고 영민이의 줄넘기의 길이는 아빠의 줄넘기의 길이보다 1 m 10 cm 더 짧습니다. 영민이의 줄넘기의 길이는 몇 m 몇 cm일까요?

| 영민이의 줄넘기의 길이 | = | 아빠의 줄넘기의 길이 | — 1 m 10 cm |

수학적 표현력

+10 슬기와 종욱이가 각자 어림하여 4 m 40 cm가 되도록 끈을 잘랐습니다. 자른 끈의 길이가 4 m 40 cm에 더 가까운 친구는 누구인지 말해 보세요.

이름	끈의 길이
슬기	4 m 30 cm
종욱	4 m 55 cm

자른 끈의 길이와 4 m 40 cm와의 차가 작을수록 더 가깝게 어림한 거야.

슬기 ➡ 4 m 40 cm — 4 m 30 cm
종욱 ➡ 4 m 55 cm — 4 m 40 cm

19일 길이 어림하기

5 m는 길이가 약 1 m인 단위로 잰 횟수가 5번인 길이야.

약 1 m

약 1 m

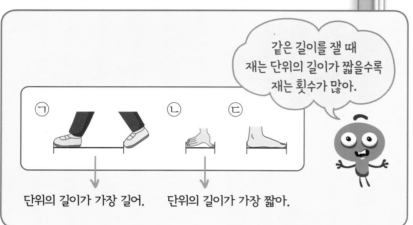

같은 길이를 잴 때 재는 단위의 길이가 짧을수록 재는 횟수가 많아.

ㄱ ㄴ ㄷ

단위의 길이가 가장 길어.   단위의 길이가 가장 짧아.

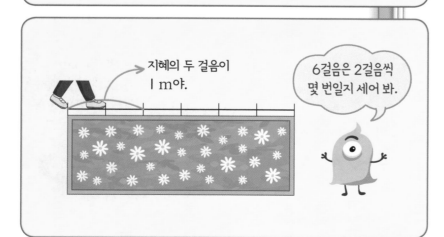

단위의 길이: 50 cm

서준: 건물 긴 쪽의 길이는 내 걸음으로 약 20걸음이니까 약 20 m야.
수현: 건물 짧은 쪽의 길이는 내 양팔을 벌린 길이로 약 7번이니까 약 7 m네.

단위의 길이: 1 m

지혜의 두 걸음이 1 m야.

6걸음은 2걸음씩 몇 번일지 세어 봐.

---

3 길이가 5 m보다 긴 것을 모두 찾아 기호를 쓰세요.

> ㉠ 버스의 길이
> ㉡ 지팡이의 길이
> ㉢ 어른이 양팔을 벌린 길이
> ㉣ 테니스장 긴 쪽의 길이

4 교실의 한쪽 벽면의 길이를 재려고 합니다. 다음 방법으로 잴 때 재는 횟수가 많은 것부터 차례로 기호를 쓰세요.

ㄱ ㄴ ㄷ

5 서준이의 한 걸음은 50 cm, 수현이의 양팔을 벌린 길이는 1 m입니다. 건물의 길이를 바르게 어림한 사람은 누구일까요?

> 서준: 건물 긴 쪽의 길이는 내 걸음으로 약 20걸음이니까 약 20 m야.
> 수현: 건물 짧은 쪽의 길이는 내 양팔을 벌린 길이로 약 7번이니까 약 7 m네.

6 화단 긴 쪽의 길이를 지혜의 걸음으로 재었더니 약 6걸음이었습니다. 지혜의 두 걸음이 1 m라면 화단 긴 쪽의 길이는 약 몇 m일까요?

7 한 사람씩 양팔을 벌린 길이가 약 130 cm입니다. 8 m에 더 가까운 모둠을 쓰세요.

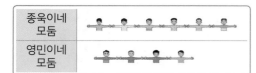

종욱이네 모둠	
영민이네 모둠	

130 cm씩 6명: 약 ☐ m

종욱이네 모둠	
영민이네 모둠	

130 cm씩 4명: 약 ☐ m

8 세 사람이 각각 출발선에서부터 12 m를 어림한 곳에 서 있습니다. 출발선에서 나무까지의 길이가 3 m일 때 12 m에 가장 가깝게 어림한 사람은 누구일까요?

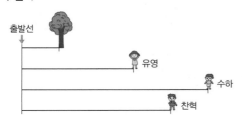

단위의 길이: 3 m

출발선

출발선에서부터 세 사람이 서 있는 곳까지 3 m가 몇 번쯤 들어가는지 어림해 봐.

유영

수하

찬혁

수학적 독해력

+9 민호의 한 뼘은 약 10 cm입니다. 민호의 뼘으로 식탁의 짧은 쪽의 길이를 재었더니 약 8뼘이었습니다. 엄마의 한 뼘이 16 cm라면 엄마의 뼘으로 같은 길이를 재면 약 몇 뼘일까요?

민호: 약 10 cm인 뼘으로 8뼘

=

엄마: 약 16 cm인 뼘으로 ☐ 뼘

수학적 표현력

+10 교실의 짧은 쪽의 길이를 주하의 걸음으로 재었더니 약 18걸음이었습니다. 주하의 두 걸음이 1 m라면 교실의 짧은 쪽의 길이는 약 몇 m인지 말해 보세요.

18걸음은 2걸음씩 몇 번일지 세어 봐.

"주하의 걸음으로 재었더니 약 18걸음"

주하의 두 걸음이 1 m야.

20_일 몇 시 몇 분 알아보기

5분씩 늘어나.

시계의 긴바늘이 가리키는 숫자가 1씩 커질 때마다 5분씩 늘어나.

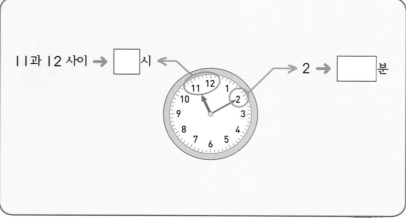

11과 12 사이 → ☐ 시

2 → ☐ 분

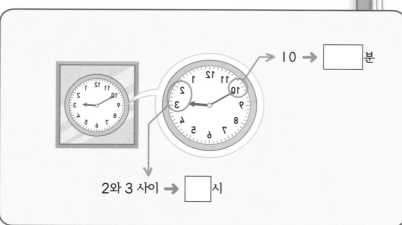

10 → ☐ 분

2와 3 사이 → ☐ 시

짧은바늘은 3과 4 사이에서 4에 더 가까워.

긴 바늘은 6(30분)에서 작은 눈금 2칸을 더 간 곳을 가리켜.

3:32

---

1 시계에서 각각의 숫자가 몇 분을 나타내는지 ◯ 안에 써넣으세요.

---

2 시각을 읽어 보세요.

(1)
 ☐ 시 ☐ 분

(2)
 ☐ 시 ☐ 분

---

5 민준이는 거울에 비친 시계를 보았습니다. 이 시계가 나타내는 시각은 몇 시 몇 분일까요?

---

6 왼쪽 시계가 나타내는 시각에 맞게 시계에 바늘을 그려 넣으세요.

3:32

📖 본책 092~093쪽

7 거울에 비친 시계가 나타내는 시각을 쓰세요.

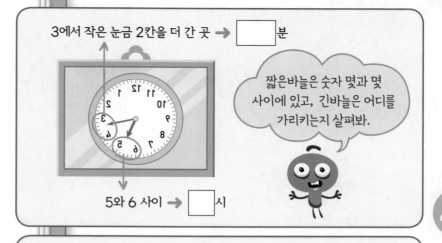

3에서 작은 눈금 2칸을 더 간 곳 → [ ]분

짧은바늘은 숫자 몇과 몇 사이에 있고, 긴바늘은 어디를 가리키는지 살펴봐.

5와 6 사이 → [ ]시

4 단원

8 현아는 몇 시 몇 분에 어떤 일을 하였는지 □ 안에 알맞은 수나 말을 써넣으세요.

현아는 [ ]시 [ ]분에 [ ]를 하였습니다.

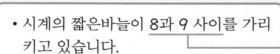

4와 5 사이 → [ ]시

7에서 작은 눈금 4칸을 더 간 곳 → [ ]분

수학적 독해력

+9 다음에 설명하는 시계가 나타내는 시각은 몇 시 몇 분일까요?

• 시계의 짧은바늘이 8과 9 사이를 가리키고 있습니다.
• 긴바늘이 9에서 작은 눈금으로 1칸 덜 간 곳을 가리키고 있습니다.

• 시계의 짧은바늘이 8과 9 사이를 가리키고 있습니다. → [ ]시
• 긴바늘이 9에서 작은 눈금으로 1칸 덜 간 곳을 가리키고 있습니다. → [ ]분

9에서 1칸 덜 간 곳 = 8에서 4칸 더 간 곳

수학적 표현력

+10 윤하가 시각을 잘못 읽은 이유를 쓰고, 시각을 바르게 읽어 보세요.

12시 11분이네.

윤하

11 → [ ]분 ← 12와 1 사이 → [ ]시

긴바늘이 가리키는 숫자 한 칸 사이의 간격은 5분이야.

여러 가지 방법으로 시각 읽기

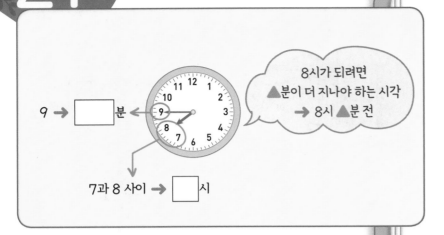

1 시각을 읽어 보세요.

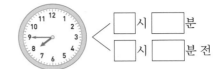

☐ 시 ☐ 분

☐ 시 ☐ 분 전

3 같은 시각끼리 선으로 이어 보세요.

5시 45분	•	•	7시 5분 전
6시 55분	•	•	5시 10분 전
4시 50분	•	•	6시 15분 전

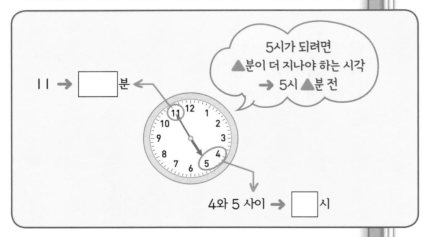

5 시계를 보고 옳게 말한 사람을 찾아 ○표 하세요.

5시 11분을 나타내고 있어. 5시 5분 전이라고 말할 수 있어. 5시 55분이야.

영민 종욱 수현

( ) ( ) ( )

6 지금 시각은 12시 5분 전입니다. 이 시각의 긴바늘이 가리키는 숫자를 쓰세요.

7 현서는 3시 55분에 숙제를 끝마쳤고, 미성이는 4시 10분 전에 숙제를 끝마쳤습니다. 숙제를 더 일찍 끝마친 친구는 누구일까요?

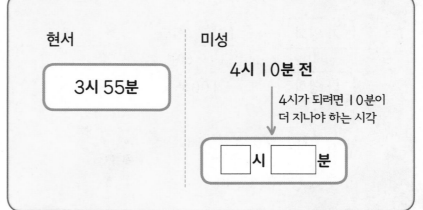

8 다음은 모두 같은 시각을 나타냅니다. ㉠과 ㉡의 합을 구하세요.

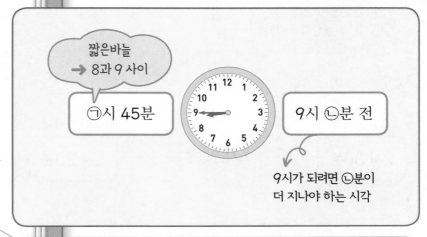

수학적 독해력

+9 일기를 읽고 □ 안에 알맞은 수를 써넣으세요.

날짜: ○월 ○○일 일요일　　　　날씨: 맑음

나는 오늘 7시 30분에 아침 식사를 하고 가족들과 함께 민속촌으로 출발해 9시 10분 전에 도착하였다. 민속촌에 가서 민속놀이도 하면서 알차고 즐거운 하루를 보냈다.

민속촌에 도착한 시각: □시 □분

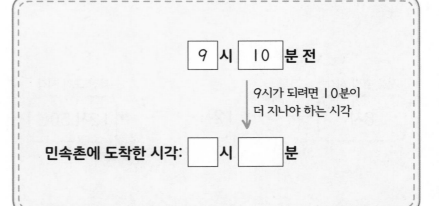

수학적 표현력

+10 다음 시각을 다른 방법으로 읽어 보세요.

6시 45분이야.

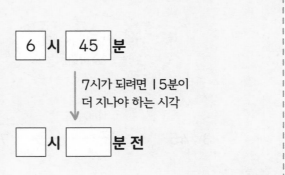

1시간 알아보기

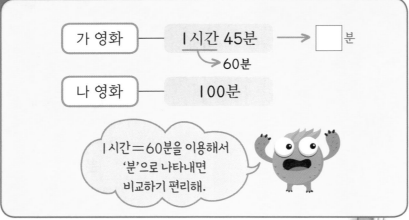

가 영화 ── 1시간 45분 ──→ ☐분
  ↘ 60분
나 영화 ── 100분

1시간=60분을 이용해서 '분'으로 나타내면 비교하기 편리해.

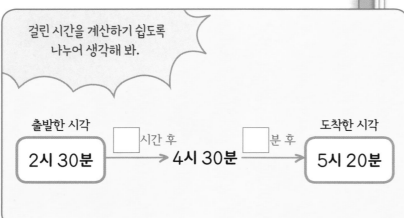

걸린 시간을 계산하기 쉽도록 나누어 생각해 봐.

출발한 시각 ──☐시간 후──→ 4시 30분 ──☐분 후──→ 도착한 시각
2시 30분   5시 20분

서울 출발 시각 ──☐시간 후──→ 12시 ──☐분 후──→ 부산 도착 시각
8시   12시 50분

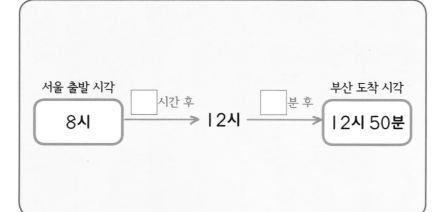

■시간 동안 시계의 긴바늘은 ■바퀴를 돌아.

3 : 45 ──☐시간 후──→ 7 : 45

3 가 영화와 나 영화의 상영 시간은 다음과 같습니다. 어느 영화의 상영 시간이 더 길까요?

가 영화 ── 1시간 45분
나 영화 ── 100분

4 종욱이는 2시 30분에 집에서 출발하여 5시 20분에 할아버지 댁에 도착했습니다. 종욱이가 집에서부터 할아버지 댁까지 가는 데 걸린 시간은 몇 시간 몇 분일까요?

5 부산행 버스의 시간표입니다. 서울에서 8시에 출발한 버스가 부산에 도착할 때까지 걸리는 시간을 구하세요.

🚌 부산행

도착지	도착 시각
대전	9시 50분
대구	11시 40분
부산	12시 50분

6 다음은 민호가 박물관 관람을 시작한 시각과 끝낸 시각입니다. 민호가 박물관을 관람하는 동안 시계의 긴바늘은 몇 바퀴를 돌았을까요?

3 : 45   7 : 45

7 수현이는 2시간 10분 동안 영화를 보았습니다. 영화가 끝난 시각이 3시 25분이라면 영화가 시작한 시각은 몇 시 몇 분일까요?

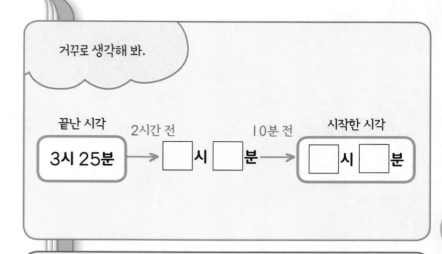

거꾸로 생각해 봐.

끝난 시각	2시간 전	10분 전	시작한 시각
3시 25분 →	☐시 ☐분 →		☐시 ☐분

8 축구 경기의 전반전이 2시에 시작되었습니다. 후반전이 끝난 시각은 몇 시 몇 분인지 구하세요.

전반전 경기 시간	45분
휴식 시간	15분
후반전 경기 시간	45분

전반전 시작 시각: 2시

전반전 경기 시간	45분
휴식 시간	15분
후반전 경기 시간	45분 ←

2시에서 후반전이 끝난 시각까지 (45＋15＋45)분이 걸렸어.

수학적 독해력

+9 주하네 학교의 수업 시간은 40분이고 쉬는 시간은 10분입니다. 오전 9시 10분에 1교시 수업을 시작할 때 3교시 수업을 시작하는 시각은 몇 시 몇 분일까요?

	시작	끝
1교시	9시 10분	9시 50분
쉬는 시간	9시 50분	10시
2교시	10시	
쉬는 시간		

	시작	끝
1교시	9시 10분	9시 50분
쉬는 시간	9시 50분	10시
2교시	10시 → ★	40분 후
쉬는 시간	★ → ☐	10분 후

2교시 수업 후 쉬는 시간이 끝나는 시각이 3교시 수업을 시작하는 시각이야.

수학적 표현력

+10 영민이가 수영을 시작한 시각과 끝낸 시각을 나타낸 것입니다. 수영을 하는 데 걸린 시간은 몇 시간 몇 분인지 구하세요.

시작한 시각   끝낸 시각

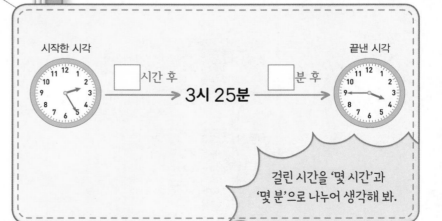

시작한 시각   ☐시간 후 → 3시 25분 → ☐분 후   끝낸 시각

걸린 시간을 '몇 시간'과 '몇 분'으로 나누어 생각해 봐.

1 잘못된 것을 찾아 기호를 쓰세요.

> ㉠ 1일 5시간＝29시간
> ㉡ 40시간＝1일 16시간
> ㉢ 3일＝36시간
> ㉣ 50시간＝2일 2시간

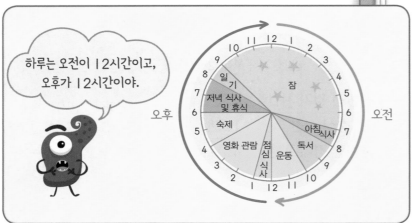

3 슬기의 어느 토요일 생활 계획표입니다. 숙제를 하기 전 오후에 할 일은 무엇인지 모두 쓰세요.

4 종욱이가 등산을 시작한 시각과 끝낸 시각을 나타낸 것입니다. 등산을 한 시간은 몇 시간 몇 분인지 구하세요.

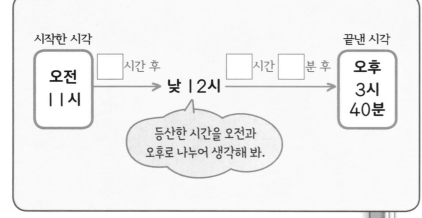

6 서준이네 가족이 여행을 하는 데 걸린 시간은 모두 몇 시간일까요?

		시간	일정
첫째 날		7:00 ~ 9:50	속초로 이동
		9:50 ~ 12:00	둘레길
		12:00 ~ 1:00	점심 식사
		1:00 ~ 6:00	해수욕
		6:00 ~ 9:00	저녁 식사 및 자유 시간
	⋮		
둘째 날		7:00 ~ 8:00	아침 식사
		8:00 ~ 12:00	산악박물관 체험
		12:00 ~ 1:20	점심 식사
		1:20 ~ 3:30	호숫길 탐방
		3:30 ~ 7:00	집으로 이동

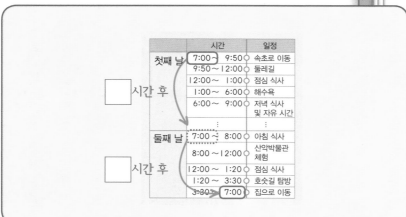

7 오른쪽 시각에서 시곗바늘이 한 바퀴 돌았을 때 가리키는 시각은 몇 시 몇 분일까요?

(1) 긴바늘이 한 바퀴 돌았을 때

(오전 , 오후) ☐ 시 ☐ 분

(2) 짧은바늘이 한 바퀴 돌았을 때

(오전 , 오후) ☐ 시 ☐ 분

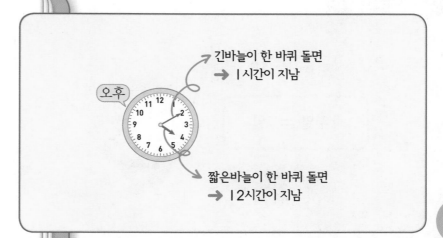

긴바늘이 한 바퀴 돌면
→ 1시간이 지남

짧은바늘이 한 바퀴 돌면
→ 12시간이 지남

8 로운이는 1시간 30분 동안 축구 경기를 하였습니다. 축구 경기가 끝난 시각이 오후 1시 10분이라면 축구 경기를 시작한 시각은 몇 시 몇 분일까요?

(오전 , 오후) ☐ 시 ☐ 분

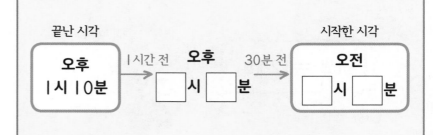

끝난 시각

| 오후 1시 10분 | 1시간 전 오후 ☐ 시 ☐ 분 | 30분 전 | 시작한 시각 오전 ☐ 시 ☐ 분 |

수학적 독해력

+9 서울이 오후 1시일 때 런던은 같은 날 오전 5시입니다. 서울과 런던의 시각 차이를 표로 완성하고, 서울이 오전 9시 40분일 때 런던의 시각은 몇 시 몇 분인지 구하세요.

서울	오후 1시	오후 3시	오후 5시	오후 7시	오후 9시
런던	오전 5시				

런던이 서울보다 8시간 더 느려.

서울	오후 1시	오후 3시	오후 5시	오후 7시	오후 9시	오전 9시 40분
런던	오전 5시					?

\ 주의해! /

같은 날 런던은 오전이고 서울은 오후니까
런던이 서울보다 시간이 느려.

수학적 표현력

+10 서영이가 책을 읽기 시작한 시각과 끝낸 시각입니다. 서영이가 책을 읽은 시간을 말해 보세요.

시작한 시각 (오전) → 끝낸 시각 (오후) 12:30

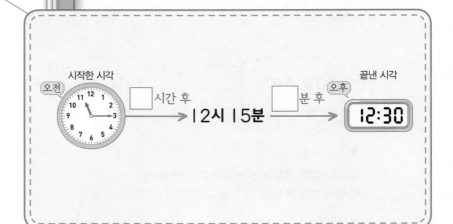

시작한 시각 (오전) ☐ 시간 후 → 12시 15분 ☐ 분 후 → 끝낸 시각 (오후) 12:30

24일 달력 알아보기

1주일 = 7일

1주일 후는 7일 후야.

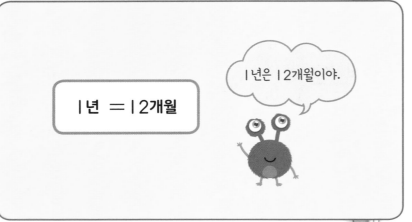

1년 = 12개월

1년은 12개월이야.

8월은 31일까지 있어.

같은 요일이 7일마다 반복되므로 31일에서 7일씩 뺀 날도 31일과 같은 요일이야.

8월						
일	월	화	수	목	금	토
		1	2	3	4	5
6	7	8	9	10	11	12

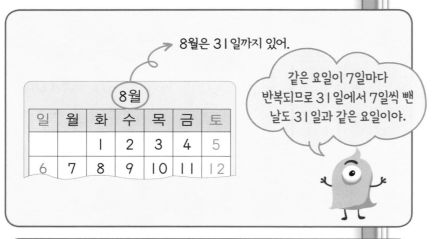

10월 10일 수요일 —7일 전→ ←7일 후— 10월 3일

\ 중요해! /

7일마다 같은 요일이 반복되므로 어떤 날에서 7일 후나 7일 전 모두 어떤 날과 같은 요일이야.

---

2 16일에서 1주일 후는 며칠일까요?

4 같은 것끼리 선으로 이어 보세요.

1년 5개월	•	•	26개월
1년 7개월	•	•	17개월
2년 2개월	•	•	19개월

5 어느 해의 8월 달력의 일부분입니다. 이 달의 마지막 날은 무슨 요일일까요?

8월						
일	월	화	수	목	금	토
		1	2	3	4	5
6	7	8	9	10	11	12

6 어느 해의 10월 10일은 수요일입니다. 같은 해 개천절인 10월 3일은 무슨 요일일까요?

7 지혜는 피아노를 4년 2개월 동안 배웠습니다. 지혜가 피아노를 배운 기간은 몇 개월일까요?

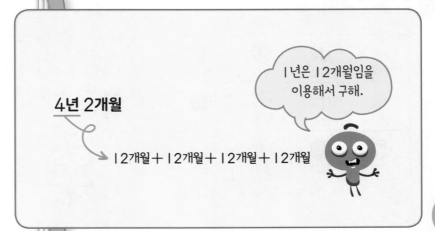

8 과학 발명품 대회를 하는 기간은 며칠일까요?

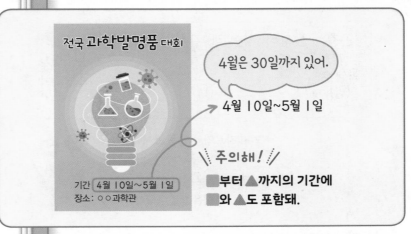

수학적 독해력

+9 올해 미나의 생일은 7월 2일 수요일이고, 미나 동생의 생일은 7월 31일입니다. 올해 미나 동생의 생일은 무슨 요일일까요?

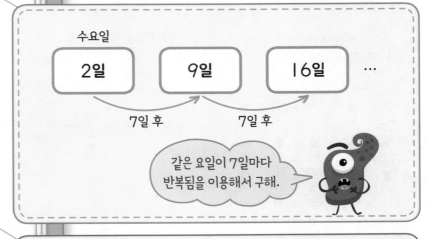

수학적 표현력

+10 오늘은 12월 2일 토요일이고, 23일 후는 성탄절입니다. 성탄절은 무슨 요일인지 구하세요.

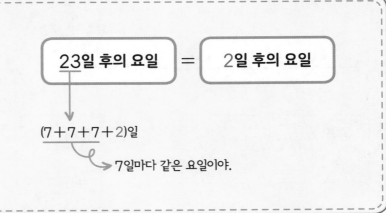

자료를 보고 표로 나타내기

3 자료를 보고 표로 나타내어 보세요.

좋아하는 운동별 학생 수

운동	야구	축구	농구	배드민턴	합계
학생 수(명)					

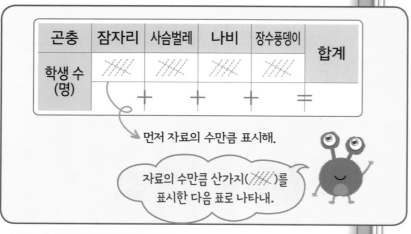

4 자료를 보고 표로 나타내어 보세요.

좋아하는 곤충별 학생 수

곤충	잠자리	사슴벌레	나비	장수풍뎅이	합계
학생 수 (명)					

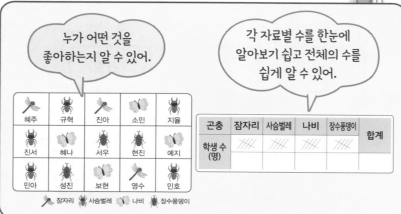

5 좋아하는 곤충별 학생 수를 알아보기 편리한 것에 ◯표 하세요.

(자료 , 표)

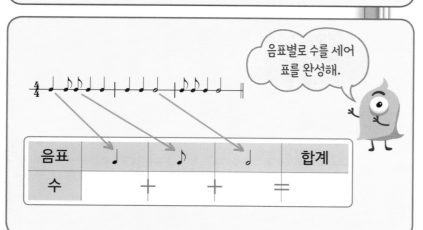

6 리듬 악보를 보고 표로 나타내어 보세요.

음표별 수

음표	♩	♪	♩	합계
수				

7 주사위를 14번 굴려서 나온 결과를 보고 나온 눈별 횟수를 표로 나타내어 보세요.

주사위를 굴려서 나온 눈

주사위를 굴려서 나온 눈의 횟수

눈	⚀	⚁	⚂	⚃	⚄	⚅	합계
횟수 (회)	✕	✕	✕	✕	✕	✕	

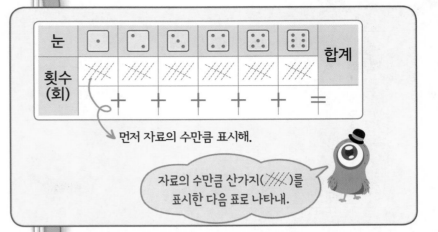

눈	⚀	⚁	⚂	⚃	⚄	⚅	합계
횟수 (회)	✕	✕	✕	✕	✕	✕	
	+	+	+	+	+	=	

먼저 자료의 수만큼 표시해.

자료의 수만큼 산가지(✕)를 표시한 다음 표로 나타내.

8 여러 조각으로 모양을 만들었습니다. 사용한 조각 수를 표로 나타내어 보세요.

사용한 조각 수

조각	⬡	△	▱	⬭	합계
조각 수 (개)					

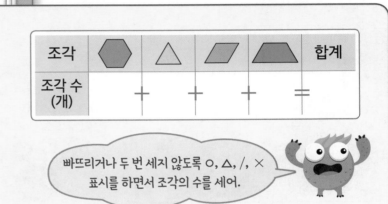

조각	⬡	△	▱	⬭	합계
조각 수 (개)		+	+	+	=

빠뜨리거나 두 번 세지 않도록 ○, △, /, ✕ 표시를 하면서 조각의 수를 세어.

수학적 독해력

+9 정호네 모둠 학생들이 키우고 있는 반려동물을 조사하였습니다. 두 번째로 많은 학생이 키우는 반려동물은 무엇인가요?

키우고 있는 반려동물

🐱 고양이 🐶 강아지 🐟 열대어

🐱 고양이 🐶 강아지 🐟 열대어

빠뜨리거나 두 번 세지 않도록 동물별로 ○, △, /, ✕ 표시를 하면서 수를 세어.

수학적 표현력

+10 서우네 반 학생들이 좋아하는 빵을 조사하여 표로 나타내었습니다. 조사한 학생이 모두 18명일 때 가장 많은 학생이 좋아하는 빵은 무엇인지 말해 보세요.

좋아하는 빵별 학생 수

빵	크림빵	소시지빵	식빵	피자빵	합계
학생 수(명)	3		5	4	

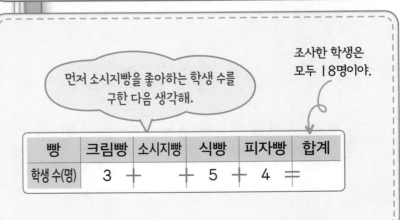

먼저 소시지빵을 좋아하는 학생 수를 구한 다음 생각해.

조사한 학생은 모두 18명이야.

빵	크림빵	소시지빵	식빵	피자빵	합계
학생 수(명)	3 +		5 +	4 =	

그래프로 나타내기

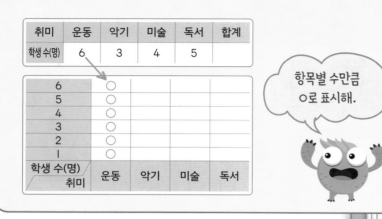

취미	운동	악기	미술	독서	합계
학생 수(명)	6	3	4	5	

6	○			
5	○			
4	○			
3	○			
2	○			
1	○			
학생 수(명) 취미	운동	악기	미술	독서

항목별 수만큼 ○로 표시해.

취미	운동	악기	미술	독서	합계
학생 수(명)	6	3	4	5	

독서						
미술						
악기						
운동	×	×	×	×	×	×
취미 학생 수(명)	1	2	3	4	5	6

항목별 수만큼 ×로 표시해.

각 자료별 수를 모두 더하면 합계가 돼.

장소	박물관	동물원	영화관	놀이공원	합계
학생 수(명)	4 +	☐ +	5 +	7 =	19

표에서 가장 큰 수가 들어가도록 칸의 수를 정해야 해.

장소	박물관	동물원	영화관	놀이공원	합계
학생 수(명)	4		5	7	19

2 표를 보고 ○를 이용하여 그래프로 나타내어 보세요.

취미별 학생 수

6				
5				
4				
3				
2				
1				
학생 수(명) 취미	운동	악기	미술	독서

3 표를 보고 ×를 이용하여 그래프로 나타내어 보세요.

취미별 학생 수

독서						
미술						
악기						
운동						
취미 학생 수(명)	1	2	3	4	5	6

4 동물원에 가고 싶어 하는 학생은 몇 명일까요?

가고 싶어 하는 장소별 학생 수

장소	박물관	동물원	영화관	놀이공원	합계
학생 수(명)	4		5	7	19

5 표를 그래프로 나타낼 때 가로 한 칸이 한 명을 나타낸다면 가로를 적어도 몇 칸으로 나타내어야 할까요?

7 감자를 좋아하는 학생은 오이를 좋아하는 학생보다 몇 명 더 많을까요?

좋아하는 채소별 학생 수

채소	당근	오이	감자	파프리카	합계
학생 수(명)	5		6	3	18

오이를 좋아하는 학생 수를 먼저 구한 다음 비교해 봐.

채소	당근	오이	감자	파프리카	합계
학생 수(명)	5 +	☐ +	6 +	3 =	18

8 표를 보고 △를 이용하여 그래프로 나타내어 보세요.

좋아하는 채소별 학생 수

채소 / 학생 수(명)

채소 / 학생 수(명)

세로에 채소의 종류를 나타내고, 가로에 학생 수를 나타내.

수학적 독해력

+9 혜나네 모둠 학생들이 모은 칭찬 붙임딱지 수를 조사하여 나타낸 그래프입니다. 모은 칭찬 붙임딱지가 모두 19장일 때 그래프를 완성하세요.

학생별 칭찬 붙임딱지 수

붙임딱지 수(장)	혜나	선우	민정	보민
7		×		
6		×		
5		×		
4		×		×
3	×	×		×
2	×	×		×
1	×	×		×

붙임딱지 수(장)	혜나	선우	민정	보민
7		×		
6		×		
5		×		
4		×		×
3	×	×		×
2	×	×		×
1	×	×		×

전체 붙임딱지의 수는 19장이야.

수학적 표현력

+10 표를 보고 그래프로 나타내려고 합니다. 그래프를 완성할 수 없는 이유를 말해 보세요.

도현이네 반 학생들의 혈액형별 학생 수

혈액형	A형	B형	O형	AB형	합계
학생 수(명)	7	5	6	3	21

도현이네 반 학생들의 혈액형별 학생 수

혈액형 / 학생 수(명)	1	2	3	4	5	6
AB형						
O형						
B형						
A형						

표에서 가장 큰 수가 그래프에 들어갈 수 있는지 확인해야 해.

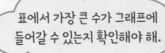

혈액형	A형	B형	O형	AB형	합계
학생 수(명)	7	5	6	3	21

→ 가장 큰 수

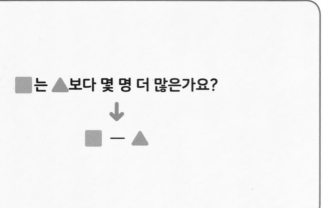

2 초코 맛을 좋아하는 학생은 바닐라 맛을 좋아하는 학생보다 몇 명 더 많은가요?

좋아하는 아이스크림 맛별 학생 수

종류	초코 맛	딸기 맛	바닐라 맛	멜론 맛	합계
학생 수(명)	5	7	3	4	

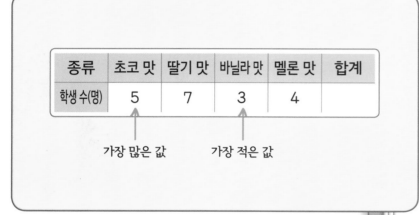

종류	초코 맛	딸기 맛	바닐라 맛	멜론 맛	합계
학생 수(명)	5	7	3	4	

가장 많은 값   가장 적은 값

3 가장 많은 학생이 좋아하는 아이스크림 맛과 가장 적은 학생이 좋아하는 아이스크림 맛의 학생 수의 차는 몇 명일까요?

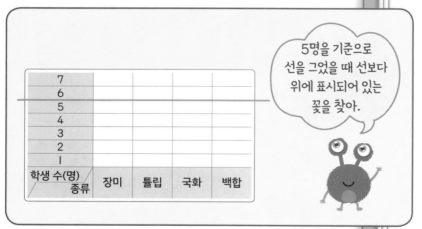

5명을 기준으로 선을 그었을 때 선보다 위에 표시되어 있는 꽃을 찾아.

5 5명보다 많은 학생들이 좋아하는 꽃을 모두 찾아 쓰세요.

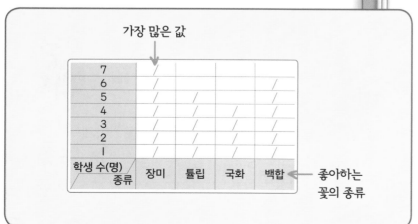

가장 많은 값

좋아하는 꽃의 종류

6 4의 그래프를 보고 알 수 있는 내용을 모두 찾아 기호를 쓰세요.

> ㉠ 하나네 반 학생들이 좋아하는 꽃의 종류를 알 수 있습니다.
> ㉡ 하나네 반 학생인 동훈이가 어떤 꽃을 좋아하는지 알 수 있습니다.
> ㉢ 가장 많은 학생이 좋아하는 꽃이 무엇인지 알 수 있습니다.

7 도경이네 반 학생 17명이 다니는 학원을 조사하여 나타낸 그래프입니다. 그래프를 완성하고, 많은 학생들이 다니는 학원부터 차례로 쓰세요.

학생들이 다니는 학원별 학생 수

6		/		
5		/	/	
4		/	/	
3		/	/	
2		/	/	
1		/	/	
학생 수(명) / 학원	피아노	태권도	수영	미술

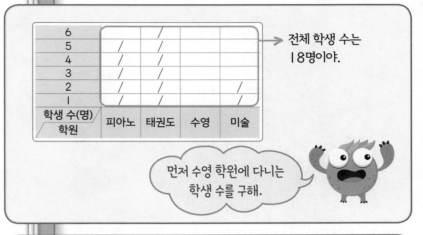

전체 학생 수는 18명이야.

먼저 수영 학원에 다니는 학생 수를 구해.

5 단원

8 현우네 반 학생들이 좋아하는 과목을 조사하여 나타낸 표와 그래프입니다. 표와 그래프를 각각 완성하세요.

좋아하는 과목별 학생 수

과목	국어	수학	바른생활	창·체	합계
학생 수(명)	5	4			18

좋아하는 과목별 학생 수

창·체						
바른생활	○	○	○	○	○	○
수학	○	○	○	○		
국어						
과목 / 학생 수(명)	1	2	3	4	5	6

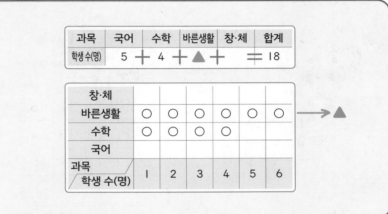

수학적 독해력

+9 보람이네 반 학생들이 좋아하는 산을 조사하여 나타낸 표입니다. 한라산을 좋아하는 학생과 지리산을 좋아하는 학생 수가 같을 때 지리산을 좋아하는 학생은 몇 명일까요?

좋아하는 산별 학생 수

산	설악산	한라산	치악산	내장산	지리산	합계
학생 수(명)	6		2	4		22

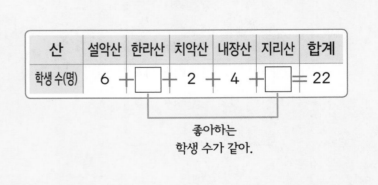

수학적 표현력

+10 지훈이네 반 학생들이 가고 싶어 하는 체험학습 장소를 조사하여 나타낸 그래프입니다. 체험학습 장소를 어디로 정하면 좋을지 말해 보세요.

가고 싶어 하는 체험학습 장소별 학생 수

민속박물관	×	×	×	×	×		
고궁	×	×	×	×			
자연사박물관	×	×	×	×	×	×	×
장소 / 학생 수(명)	1	2	3	4	5	6	7

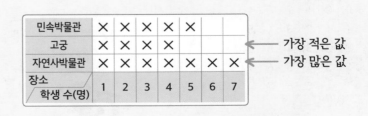

덧셈표에서 규칙 찾기

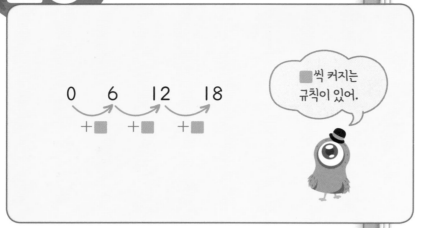

3 초록색 점선에 놓인 수는 ↘ 방향으로 갈수록 몇씩 커지는 규칙이 있을까요?

+	0	3	6	9
0	0	3	6	9
3	3	6		
6	6	9	12	15
9	9			

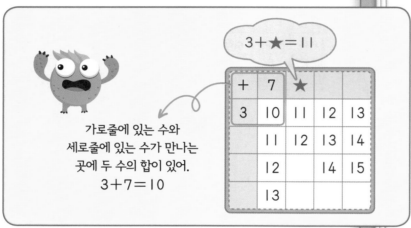

4 빈칸에 알맞은 수를 써넣으세요.

+	7			
3	10	11	12	13
	11	12	13	14
	12		14	15
13				

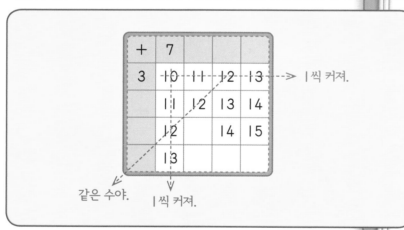

5 규칙을 바르게 설명한 것을 찾아 기호를 쓰세요.

> ㉠ 같은 줄에서 오른쪽으로 갈수록 1씩 작아지는 규칙이 있습니다.
> ㉡ 같은 줄에서 아래쪽으로 내려갈수록 2씩 커지는 규칙이 있습니다.
> ㉢ ╱ 방향으로 같은 수가 있는 규칙이 있습니다.

6 덧셈표에 있는 규칙에 맞게 빈칸에 알맞은 수를 써넣으세요.

7 덧셈표를 완성하고 규칙을 찾아 □ 안에 알맞은 수를 써넣으세요.

+	4	8	12	16
1	5	9	13	17
2	6	10	14	
3			15	19
4		12	16	20

→ 각 줄의 오른쪽으로 갈수록 [ ]씩 커지는 규칙이 있습니다.

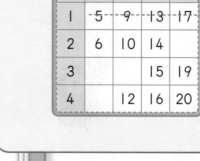

+	4	8	12	16
1	5	9	13	17
2	6	10	14	
3			15	19
4		12	16	20

⋯⋯▶ 오른쪽으로 갈수록
□씩 커지는 규칙이 있어.

8 초록색 점선의 ↘ 방향으로 놓인 수와 같은 규칙으로 수를 뛰어 세려고 합니다. ♥에 알맞은 수를 구하세요.

+	0	2	4	6
0	0	2	4	6
2	2	4	6	8
4	4	6	8	10
6	6	8	10	12

`23`─[ ]─[ ]─`♥`

+	0	2	4	6
0	0	2	4	6
2	2	4	6	8
4	4	6	8	10
6	6	8	10	12

+□
`23`─[ ]─[ ]─`♥`

↘ 방향으로 갈수록
□씩 커지는
규칙이 있어.

6단원

수학적 독해력

+9 덧셈표에서 빨간색 점선에 놓인 수의 규칙을 바르게 설명한 사람은 누구일까요?

+	10	20	30	40
1	11	21	31	41
3	13	23	33	43
5	15	25	35	45
7	17	27	37	47

지혜: ╱ 방향으로 갈수록 십의 자리 숫자가 커지는 규칙이 있어.

로운: ╱ 방향으로 갈수록 8씩 작아지는 규칙이 있어.

+	10	20	30	40
1	11	21	31	41
3	13	23	33	43
5	15	25	35	45
7	17	27	37	47

╱ 방향으로 갈수록
□씩 커지는 규칙이 있어.

╱ 방향으로 갈수록 □씩 작아지는 규칙이 있어.

수학적 표현력

+10 덧셈표에서 ㉠, ㉡, ㉢에 알맞은 수 중 가장 큰 수는 무엇인지 설명해 보세요.

+	1	3	5	7
1				
3			㉠	
㉡		6		
7			㉢	

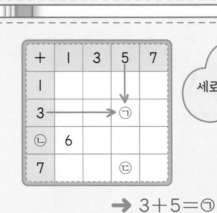

+	1	3	5	7
1				
3			㉠	
㉡		6		
7			㉢	

가로줄에 있는 수와 세로줄에 있는 수가 만나는 곳에 두 수의 합이 있어.

→ 3+5=㉠

곱셈표에서 규칙 찾기

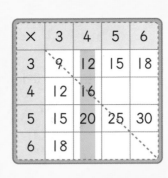

×	3	4	5	6
3	9	12	15	18
4	12	16		
5	15	20	25	30
6	18			

점선을 따라 접었을 때 만나는 수는
■×▲와 ▲×■의 관계야.

×	1	3	5
1	1		
			15
5	5		25
		21	49

가로줄에 있는 수와 세로줄에 있는 수가 만나는 곳에 두 수의 곱이 있어.

➡ 5×5=25

×	1	3	5
1	1		
			15
5	5		25
		21	49

□씩 커지는 규칙이 있어.　　□씩 커지는 규칙이 있어.

---

3 초록색 점선을 따라 접으면 만나는 수는 서로 어떤 관계인가요?

×	3	4	5	6
3	9	12	15	18
4	12	16		
5	15	20	25	30
6	18			

4 빈칸에 알맞은 수를 써넣으세요.

×	1	3	5
1	1		
			15
5	5		25
		21	49

5 규칙을 잘못 설명한 사람은 누구일까요?

지혜: 모든 수는 홀수야.
종욱: 빨간색으로 칠해진 수는 아래쪽으로 내려갈수록 10씩 커지는 규칙이 있어.
윤하: 1부터 49까지 ＼ 방향에 놓인 수는 8씩 커지는 규칙이 있어.

6 곱셈표에 있는 규칙에 맞게 빈칸에 알맞은 수를 써넣으세요.

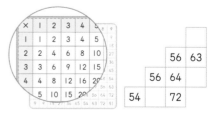

×	1	2	3	4	5		9
1	1	2	3	4	5		9
							18
2	2	4	6	8	10		
3	3	6	9	12	15		36
							45
4	4	8	12	16	20		
						56	63
5	5	10	15	20			
9	9	18	27	36	45	54	63	72	81

2씩 커져. ➡ 2의 단 곱셈구구
3씩 커져. ➡ 3의 단 곱셈구구
4씩 커져. ➡ 4의 단 곱셈구구
5씩 커져. ➡ 5의 단 곱셈구구

7 곱셈표에서 ●에 들어갈 수와 같은 수가 들어가는
칸을 찾아 기호를 쓰세요.

×	5	6	7	8
5	25			
6			㉠	㉡
7			㉢	㉣
8		●		

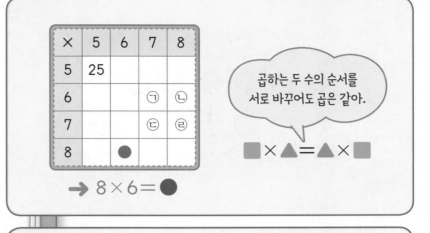

8 곱셈표에서 ㉠과 ㉡에 알맞은 수의 차를 구하세요.

×	3	5	7	9
2	6			
		20	㉠	
6				
			㉡	72

수학적 독해력

⁺9 곱셈표에서 빨간색 선 안에 있는 수들의 합은 ■ 를 세 번 곱한 것과 같고, 파란색 선 안에 있는 수 들의 합은 ▲를 세 번 곱한 것과 같습니다. ■, ▲ 를 각각 구하세요.

×	1	2	3	4
1	1	2	3	
2	2	4	6	
3	3	6	9	
4				

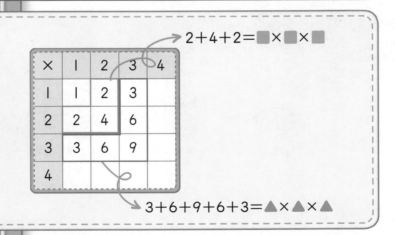

$2+4+2 = ■ × ■ × ■$

$3+6+9+6+3 = ▲ × ▲ × ▲$

수학적 표현력

⁺10 곱셈표에서 찾을 수 있는 규칙을 두 가지 설명해 보세요.

×	2	4	6	8
2	4	8	12	16
4	8	16	24	32
6	12	24	36	
8	16			64

➡ 8씩 커져. ➡ 8의 단 곱셈구구

$4 = 2×2,\ 16 = 4×4,\ 36 = 6×6,\ 64 = 8×8$

무늬에서 규칙 찾기 / 쌓은 모양에서 규칙 찾기

◇, ○ 모양이 각각 1개씩
늘어나고 있어.

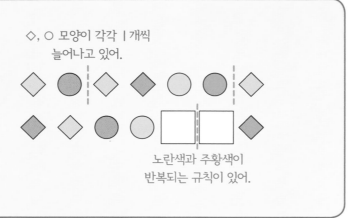

노란색과 주황색이
반복되는 규칙이 있어.

3 규칙에 맞게 □ 안에 알맞은 모양을 그려 보세요.

4 지우는 규칙에 따라 구슬을 꿰어 목걸이를 만들고 있습니다. 다음에 이어질 목걸이에는 구슬이 몇 개일까요?

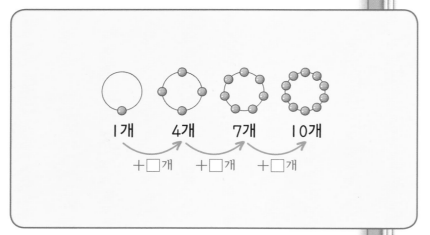

1개   4개   7개   10개

+□개 +□개 +□개

5 쌓기나무를 2층으로 쌓은 모양에는 쌓기나무가 ㉠개, 3층으로 쌓은 모양에는 쌓기나무가 ㉡개 있습니다. ㉠+㉡은 얼마일까요?

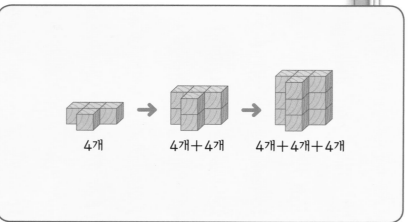

4개   4개＋4개   4개＋4개＋4개

6 쌓기나무를 4층으로 쌓으려면 쌓기나무는 모두 몇 개 필요할까요?

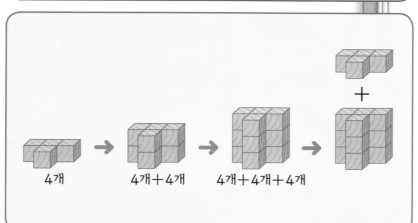

4개   4개＋4개   4개＋4개＋4개   ＋

7 규칙적으로 도형을 그린 것입니다. 규칙을 찾아 □ 안에 알맞은 도형을 그려 보세요.

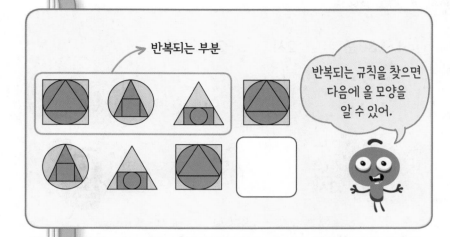

반복되는 부분

반복되는 규칙을 찾으면 다음에 올 모양을 알 수 있어.

8 어떤 규칙에 따라 쌓기나무를 쌓고 있습니다. 쌓기나무 49개를 모두 쌓아 만든 모양은 몇 번째에 놓일까요?

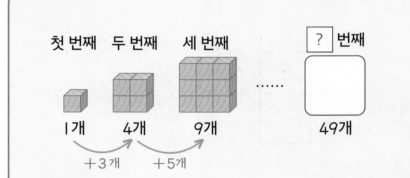

첫 번째　두 번째　세 번째　　　? 번째

1개　　4개　　9개　　　　　49개

+3개　+5개

수학적
독해력

+**9** 어떤 규칙에 따라 바둑돌이 움직이고 있습니다. 여섯 번째에 바둑돌이 들어갈 곳을 찾아 기호를 쓰세요.

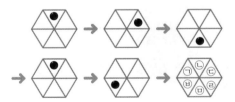

바둑돌이
시계 방향으로

□칸　□칸　□칸　□칸　□칸

수학적
표현력

+**10** 어떤 규칙에 따라 쌓기나무를 계속 쌓으려고 합니다. 쌓기나무를 5층으로 쌓으려면 쌓기나무는 모두 몇 개 필요한지 구하세요. (단, 보이지 않는 곳에 쌓은 쌓기나무는 없습니다.)

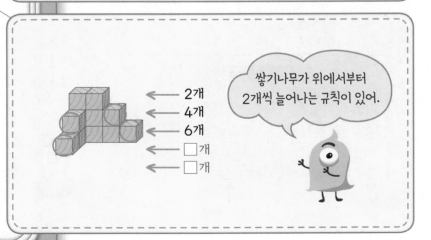

← 2개
← 4개
← 6개
← □개
← □개

쌓기나무가 위에서부터 2개씩 늘어나는 규칙이 있어.

6단원

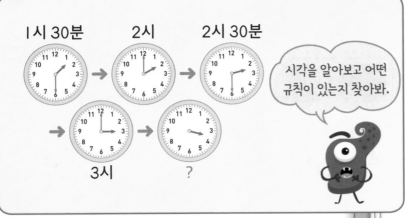

1시 30분   2시   2시 30분

시각을 알아보고 어떤 규칙이 있는지 찾아봐.

3시   ?

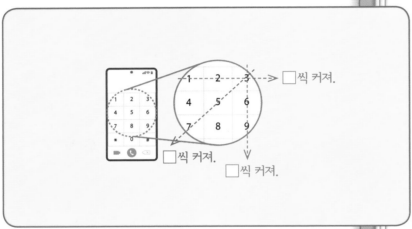

□씩 커져.

□씩 커져.

□씩 커져.

──→ | 씩 커져.

| | 씩 커져.

무대

첫째 둘째 셋째……

가열 ① ② ③ ④ ⑤ ⑥

나열 ⑫ ⑬ ⑭

규칙을 생각하며 슬기의 자리를 먼저 찾아.

──→ | 씩 커져.

| | 씩 커져.

무대

첫째 둘째 셋째……

가열 ① ② ③ ④ ⑤ ⑥

나열 ⑫ ⑬ ⑭

민호의 자리

규칙을 찾아서 민호가 앉을 의자의 번호를 생각해 봐.

3 규칙을 찾아 마지막 시계에 긴바늘을 알맞게 그려 보세요.

4 휴대 전화 숫자판의 수에 있는 규칙을 바르게 설명한 사람은 누구일까요?(단, 0을 제외하고 규칙을 찾습니다.)

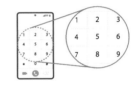

수아: 아래로 내려갈수록 3씩 작아져.
지훈: 오른쪽으로 갈수록 2씩 커져.
다솜: ╱ 방향으로 갈수록 2씩 커져.

5 슬기의 자리는 30번입니다. 어느 열 몇 번째 자리일까요?

무대

첫째 둘째 셋째……

가열 ① ② ③ ④ ⑤ ⑥

나열 ⑫ ⑬ ⑭

6 민호의 자리는 라열 여섯 번째입니다. 민호가 앉을 의자의 번호는 몇 번일까요?

7 다음은 오른쪽 엘리베이터 버튼
의 수에 대한 설명입니다. ㉠과 ㉡
에 알맞은 수의 합을 구하세요.

> • ↘ 방향으로 갈수록 ㉠씩
> 커집니다.
> • ★에 알맞은 수는 ㉡입니다.

□씩 커져.

□씩 커져.

□씩 커져.

8 어느 해 6월 달력의 일부분이 찢어졌습니다. 수빈
이의 생일은 7월 14일입니다. 수빈이의 생일은 무
슨 요일일까요?

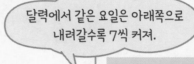

6월

일	월	화	수	목	금	토
1	2	3	4	5	6	7
8	9					

달력에서 같은 요일은 아래쪽으로
내려갈수록 7씩 커져.

7씩
커져.

6월

일	월	화	수	목	금	토
1	2	3	4	5	6	7
8	9					

╲╲ 주의해! ╱╱
수빈이의 생일은 다음 달인 7월 14일이야.

**수학적
독해력**

⁺**9** 규칙에 따라 시곗바늘이 움직이고 있습니다. 유민
이는 마지막 시계가 나타내는 시각에서 10분 전
에 집에서 출발하여 수영장에 가려고 합니다. 유
민이가 수영장에 가기 위해 집에서 출발하는 시각
은 몇 시 몇 분일까요?

2시 25분   2시 50분   3시 15분

3시 40분   ?

규칙을 찾아
마지막 시계의 시각을
먼저 구해.

**수학적
표현력**

⁺**10** 달력의 수가 일부 보이지 않습니다. 빨간색 선 안
에 있는 모든 수의 합은 얼마인지 구하세요.

일	월	화	수	목	금	토
					1	2
3	4	5	6	7	8	9
		㉠	13	㉡		
		㉢	20	㉣		

일	월	화	수	목	금	토
					1	2
3	4	5	6	7	8	9
		㉠	13	㉡		
		㉢	20	㉣		

선으로 연결한 두 수의
합은 서로 같아.

memo

풀이집은 개념의 빈틈을 채우는
두 번째 학습서**입니다.**

막힐 땐

힌트북

초등수학 2-2

정답 · 풀이

슬기로운공부

초등수학 **2-2**

정답·풀이

본책 008~011쪽

01일 1000이 10개인 수 알아보기

확인 ──────────────────── 008쪽

1 (1) 1 (2) 1000

2 1000 / 1000, 천

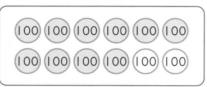

기본기 다지는 교과서 문제　　009쪽

1 예

```
100 100 100 100 100 100
100 100 100 100 (100) (100)
```

2 400원

3 (1) 1000 / 1000 (2) 1000 / 1000

---

1 100이 10개이면 1000이므로 10개를 색칠합니다.

2 100원짜리 6개는 600원이고 1000은 600보다 400만큼 더 큰 수입니다. 따라서 1000원이 되려면 400원이 더 필요합니다.

3 (1) 900보다 100만큼 더 큰 수는 1000입니다.
(2) 999보다 1만큼 더 큰 수는 1000입니다.

스스로 풀어내는 도전 10 문제　　010~011쪽

1 1 / 1000　　　　**2** 300

3 200원　　　　　**4** (1) 100 (2) 10 (3) 100

5 윤하　　　　　**6** (1) 10 (2) 200

7 ╳　　　　　　　**8** 400원

+9 3봉지

+10 250, 250

---

1 백 모형 10개는 천 모형 1개와 같습니다.
➡ 100이 10개이면 1000입니다.

---

2 1000은 700보다 300만큼 더 큰 수입니다.

3 1000은 100이 10개인 수이므로 100원짜리 동전을 10개 묶으면 100원짜리 동전은 2개가 남습니다. 따라서 남는 돈은 200원입니다.

힌트북 02쪽

4

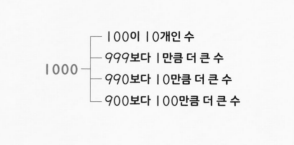

```
          ┌ 100이 10개인 수
          ├ 999보다 1만큼 더 큰 수
1000 ─────┤
          ├ 990보다 10만큼 더 큰 수
          └ 900보다 100만큼 더 큰 수
```

(1) 1000은 900보다 100만큼 더 큰 수입니다.
(2) 1000은 990보다 10만큼 더 큰 수입니다.
(3) 1000은 10이 100개인 수입니다.

5 주하: 10개씩 100묶음인 수는 1000입니다.
종욱: 400보다 600만큼 더 큰 수는 1000입니다.
윤하: 900보다 100만큼 더 작은 수는 800입니다.
➡ 다른 수를 말한 사람은 윤하입니다.

6 (1) 1000은 990보다 10만큼 더 큰 수이므로 990에서 1000이 되려면 10이 더 있어야 합니다.
(2) 1000은 800보다 200만큼 더 큰 수이므로 800에서 1000이 되려면 200이 더 있어야 합니다.

7 · 1000은 500보다 500만큼 더 큰 수입니다.
· 1000은 300보다 700만큼 더 큰 수입니다.

8 100원짜리 동전 5개는 500원, 10원짜리 동전 10개는 100원이므로 슬기가 가지고 있는 돈은 600원입니다. 1000은 600보다 400만큼 더 큰 수이므로 1000원이 되려면 400원이 더 있어야 합니다.

+9 1000은 100이 10개인 수입니다.
구슬 1000개를 한 봉지에 100개씩 담으면 10봉지이고 7봉지를 팔았으므로 남은 구슬은 3봉지입니다.

02일 몇천 알아보기

012쪽

확인

1 (1) 6000, 육천 (2) 8000, 팔천

기본기 다지는 교과서 문제

013쪽

1 예
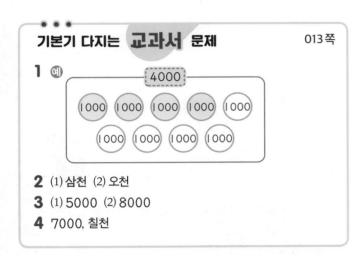
4000

2 (1) 삼천 (2) 오천

3 (1) 5000 (2) 8000

4 7000, 칠천

1 4000은 1000이 4개인 수이므로 그림 중 4개를 색칠합니다.

2 (2) 1000이 5개인 수는 5000이라 쓰고 오천이라고 읽습니다.

3 (2) 1000이 8개인 수는 8000입니다.

4 1000이 7개이면 7000입니다.
7000은 칠천이라고 읽습니다.

스스로 풀어내는 도전 10 문제

014~015쪽

1 3, 3000, 삼천

2 (1) 7000 (2) 3

3
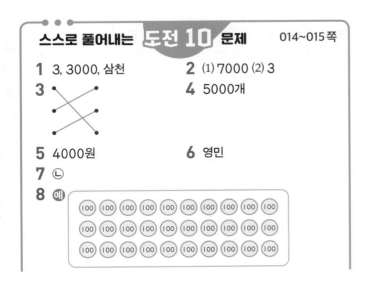

4 5000개

5 4000원

6 영민

7 ㉡

8 예
(100을 30개 그린 그림)

⁺9 4권

⁺10 1000, 4000, 4000

1 천 모형이 3개이므로 3000입니다.
3000은 삼천이라고 읽습니다.

2 (1) 1000이 7개이면 7000입니다.
(2) 1000이 3개이면 3000입니다.

3 • 1000이 4개이면 4000입니다. 4000은 사천이라고 읽습니다.
• 2000은 이천이라고 읽습니다.
• 1000이 8개이면 8000입니다.

4 1000이 5개이면 5000이므로 양초는 모두 5000개입니다.

5 1000이 4개이면 4000이므로 지혜가 낸 돈은 4000원입니다.

6 서준: 1000이 6개인 수는 6000입니다.
수현: 100이 60개인 수는 6000입니다.
영민: 100이 6개인 수는 600입니다.
따라서 다른 수를 말한 사람은 영민입니다.

7 • 6000은 1000이 6개인 수입니다. ➡ ㉠=6
• 1000이 9개인 수는 9000입니다. ➡ ㉡=9
6<9이므로 ㉡이 더 큽니다.

힌트북 05쪽

8
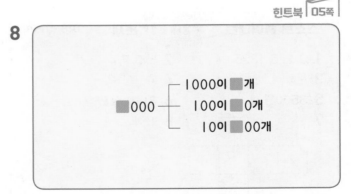

3000은 100이 30개이므로 100을 30개 그립니다.

⁺9 500원짜리 동전 2개는 1000원짜리 지폐 1장과 같으므로 로운이가 가지고 있는 돈은 4000원입니다. 따라서 로운이가 가지고 있는 돈으로 1000원짜리 공책을 4권까지 살 수 있습니다.

03일 네 자리 수 알아보기

확인

① 3, 2, 6, 8 / 3268, 삼천이백육십팔

기본기 다지는 교과서 문제

017 쪽

1 5364, 오천삼백육십사
2 4353, 사천삼백오십삼
3 (1) 삼천오백사십육 (2) 2879 (3) 사천칠십 (4) 7103

---

1 천 모형이 5개이므로 5000, 백 모형이 3개이므로 300, 십 모형이 6개이므로 60, 일 모형이 4개이므로 4이면 5364라 쓰고 오천삼백육십사라고 읽습니다.

2 1000이 4개, 100이 3개, 10이 5개, 1이 3개이면 4353입니다. 4353은 사천삼백오십삼이라고 읽습니다.

스스로 풀어내는 도전 10 문제

018~019쪽

1 3, 2, 5, 1325
2 5, 3, 7, 4
3 주하
4 ㉡
5 3500원
6 3140, 삼천백사십
7

		1	
2	0	1	0
		0	
		1	

+9 8700
+10 5, 6, 3, 1300

---

1 1000이 1개이면 1000, 100이 3개이면 300, 10이 2개이면 20, 1이 5개이면 5이므로 1325입니다.

---

3 이천사백구를 수로 나타내면 2409입니다. 십의 자리 수를 읽지 않았으므로 십의 자리 숫자는 0입니다.

4 1000이 5개이면 5000, 100이 0개이면 백의 자리 숫자는 0이고, 10이 3개이면 30, 1이 7개이면 7이므로 수로 쓰면 5037입니다. 5037은 오천삼십칠이라고 읽습니다.

5 1000원짜리 지폐 3장은 3000원, 100원짜리 동전 5개는 500원이므로 수현이가 이번 주에 받은 용돈은 3500원입니다.

힌트북 06쪽

6

1000이 ■개 → ■ 0 0 0
100이 ▲개 → ▲ 0 0
10이 ●개 → ● 0
─────────
■▲● 0

＼중요해!／
자리의 숫자가 1일 때에는 숫자는 읽지 않고 자릿값만 읽어.

1000개짜리가 3상자이면 3000개, 100개짜리가 1상자이면 100개, 10개짜리가 4봉지이면 40개이므로 면봉의 수는 3140이라 쓰고 삼천백사십이라고 읽습니다.

7 이천십 ➡ 2010
천백일 ➡ 1101
가로에는 2010을 쓰고, 세로에는 1101을 씁니다.

8 2543은 1000이 2개, 100이 5개, 10이 4개, 1이 3개인 수입니다. 수 모형은 천 모형 1개와 백 모형 5개가 더 필요하므로 천 모형 1개를 백 모형 10개로 바꾸면 백 모형은 15개가 필요합니다.

+9 설명하는 네 자리 수를 □□□□라고 하면
백의 자리 숫자가 7이므로 ➡ □7□□
천의 자리 숫자가 백의 자리 숫자보다 1 크므로
➡ 87□□
각 자리의 숫자의 합이 15인데 천의 자리 숫자와 백의 자리 숫자의 합 8+7=15이므로 ➡ 8700
따라서 설명하는 네 자리 수는 8700입니다.

04일 각 자리의 숫자가 나타내는 값

확인 ································· 020쪽

1. (1) 천, 2000 (2) 백, 700 (3) 십, 50 (4) 일, 9
2. 3000, 600, 70, 8

기본기 다지는 교과서 문제
021쪽

1. (위에서부터) 4, 6, 2, 8 / 600, 8
2. 예

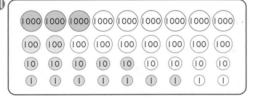

/ 3000, 200, 50, 7
3. (1) 백, 700 (2) 천, 7000 (3) 십, 70

1. 4628은 1000이 4개인 4000, 100이 6개인 600, 10 이 2개인 20, 1이 8개인 8이 모여서 만들어진 수입니다.

2. 3257은 1000이 3개, 100이 2개, 10이 5개, 1이 7개 인 수입니다.
3257 = 3000 + 200 + 50 + 7

스스로 풀어내는 도전 10 문제
022~023쪽

1. (위에서부터) 5, 2, 3, 8 / 200, 8 / 200, 30, 8
2. ㉡
3. (1) 400 (2) 4000
4. (1) 300, 10, 9 (2) 7000, 200, 0, 4
5. 9807에 ○표, 3169에 △표
6. 영민   7 4
8. 3527, 3572
+9. 2538
+10. 백, 600, 일, 6

2. ㉠ 5742 → 천의 자리, 5000
㉡ 6354 → 십의 자리, 50
㉢ 8549 → 백의 자리, 500

3. (1) 숫자 4는 백의 자리 숫자이므로 400을 나타냅니다.
(2) 숫자 4는 천의 자리 숫자이므로 4000을 나타냅니다.

힌트북 08쪽

4.
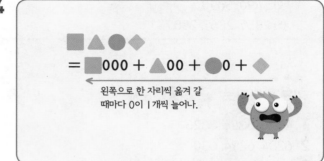

왼쪽으로 한 자리씩 옮겨 갈 때마다 0이 1개씩 늘어나.

(2) 7204에서 십의 자리 숫자는 0이므로 십의 자리가 나타내는 값은 0입니다.

5. 2985 → 백의 자리, 900
3169 → 일의 자리, 9
9807 → 천의 자리, 9000
3294 → 십의 자리, 90
따라서 숫가 9가 나타내는 값이 가장 큰 수는 9807이 고, 가장 작은 수는 3169입니다.

6. 지혜: 5718 → 백의 자리, 700
영민: 7529 → 천의 자리, 7000
서연: 3705 → 백의 자리, 700
따라서 숫자 7이 나타내는 값이 다른 하나를 가지고 있 는 사람은 영민입니다.

7. 100이 11개이면 1000이 1개, 100이 1개이므로 1000이 4개, 100이 1개, 10이 6개, 1이 5개인 수와 같 습니다. 따라서 4165이므로 천의 자리 숫자는 4입니다.

8. 천의 자리 숫자가 3, 백의 자리 숫자가 5인 네 자리 수 는 35□□입니다. □ 안에 남은 숫자 2, 7을 한 번씩 넣 으면 3527, 3572를 만들 수 있습니다.

+9. 2000보다 크고 3000보다 작으면 천의 자리 숫자는 2입 니다. 백의 자리 숫자는 5, 십의 자리 숫자는 3, 일의 자 리 숫자는 8이므로 설명하는 네 자리 수는 2538입니다.

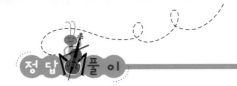
📖 본책 024~027쪽

05일 뛰어 세기

📋 **확인** 024쪽

① (1) 6200, 8200
　(2) 5490, 5690
　(3) 2857, 2867, 2887

● ● ● ●
기본기 다지는 교과서 문제 025쪽

1 4326, 6326, 7326
2 6284, 6294, 6304
3 백에 ○표, 100에 ○표
4

1 1000씩 뛰어 세면 천의 자리 수가 1씩 커집니다.

2 10씩 뛰어 세면 십의 자리 수가 1씩 커집니다.

3 백의 자리 수가 1씩 커졌으므로 100씩 뛰어 센 것입니다.

4 10씩 커지는 수는 십의 자리 수가 1씩 커지는 수이므로 6429부터 10씩 커지는 수는 6429 — 6439 — 6449 — 6459 — 6469 — 6479 — 6489입니다.

● ● ●
스스로 풀어내는 도전 10 문제 026~027쪽

1 100　　　　　　　2 3285, 3305
3 5070
4 (1) 1000, 10 (2) 2190, 5180
5 7430, 6430, 5430
6 5285, 5385, 5485, 5585, 5685
7 5920　　　　　　　8 4715
⁺9 7340원
⁺10 십, 1, 10, 4826, 4816, 4816

1 백의 자리 수가 1씩 커졌으므로 100씩 뛰어 세었습니다.

2 십의 자리 수가 1씩 커지므로 10씩 뛰어 세었습니다.

3 4670부터 100씩 커지면 백의 자리 수가 1씩 커집니다.
4670 — 4770 — 4870 — 4970 — 5070 — 5170 — 5270 — 5370

4 (1) ⬇는 천의 자리 수가 1씩 커지므로 1000씩 뛰어 센 것입니다.
➡는 십의 자리 수가 1씩 커지므로 10씩 뛰어 센 것입니다.
(2) 10씩 뛰어 세면 ▲에 들어갈 수는 2190입니다.
1000씩 뛰어 세면 ★에 들어갈 수는 5180입니다.

5 1000씩 거꾸로 뛰어 세면 천의 자리 수가 1씩 작아집니다.

6 5785에서 100씩 거꾸로 뛰어 셉니다.

7 1000이 5개, 100이 6개, 10이 2개인 수는 5620입니다. 5620에서 100씩 3번 뛰어 세면 5620 — 5720 — 5820 — 5920입니다.

힌트북 11쪽

8

```
        1000씩 뛰어 세면
        천의 자리 수가 1씩 커져.
  ┌──────┐   ┌──────┐   ┌──────┐
  │ 어떤 수 │   │      │   │ 6715 │
  └──────┘   └──────┘   └──────┘
        천의 자리 수가 1씩 작아져.
```

6715부터 1000씩 거꾸로 2번 뛰어 세면 6715 — 5715 — 4715이므로 로운이가 말한 어떤 수는 4715입니다.

⁺9 한 달에 1000원씩 저금하므로 3340부터 1000씩 뛰어 세면 3340 — 4340 — 5340 — 6340 — 7340입니다.
　　　7월　　8월　　9월　　10월　　11월
따라서 11월에는 7340원이 됩니다.

네 자리 수의 크기 비교하기

확인 028쪽
① <

기본기 다지는 교과서 문제   029쪽

1 4, 5, 7 / <, <
2 (1) < (2) >
3 (위에서부터) 1, 7 / 0, 4, 3 / 6, 3, 2, 8 / 6517 / 5043

---

1 천의 자리 수가 같으므로 백의 자리 수를 비교합니다.
1<4이므로 3120<3457입니다.

2 (1) 천의 자리 수가 같으므로 백의 자리 수를 비교합니다. 1<4이므로 5149<5436입니다.
(2) 천의 자리, 백의 자리 수가 같으므로 십의 자리 수를 비교합니다. 2>0이므로 3824>3807입니다.

3 천의 자리 수를 비교하면 6>5이므로 가장 작은 수는 5043입니다.
6517과 6328의 천의 자리 수가 같으므로 백의 자리 수를 비교하면 5>3이므로 6517>6328입니다. 따라서 가장 큰 수는 6517입니다.

스스로 풀어내는 도전 10 문제   030~031쪽

1 2200, 2130
3 <
5 학교
7 7420, 2047
⁺9 윤하
⁺10 6429, 6387, 백, 슬기

2 (1) < (2) < (3) >
4 7009에 ○표
6 서연
8 6, 7, 8, 9

---

1 천 모형이 2개로 같으므로 백 모형을 비교합니다.
2>1이므로 2200>2130입니다.

2 (1) 천의 자리 수가 다르므로 천의 자리 수를 비교합니다.
2<3이므로 2081<3743입니다.
(2) 천의 자리 수가 같으므로 백의 자리 수를 비교합니다.
1<9이므로 6174<6948입니다.
(3) 천의 자리, 백의 자리 수가 같으므로 십의 자리 수를 비교합니다.
6>2이므로 5367>5329입니다.

3 수직선에서는 오른쪽에 있는 수가 더 큽니다.
➔ 4209<4213

4 • 천의 자리 수가 모두 같으므로 먼저 백의 자리 수를 비교합니다. 7028<7529
• 백의 자리 수가 같은 수 중에서 십의 자리 수를 비교합니다. 7028<7034, 7028>7009
따라서 7028보다 작은 수는 7009입니다.

5 천의 자리 수를 비교하면 1<2이므로 1156<2034입니다. 따라서 집에서 더 먼 곳은 학교입니다.

6 천의 자리 수가 가장 큰 8529가 가장 큰 수입니다.
나머지 두 수 6718과 6705는 천의 자리, 백의 자리 수가 같으므로 십의 자리 수를 비교하면 6718>6705입니다.
따라서 가장 작은 수를 가지고 있는 사람은 서연입니다.

7 큰 수부터 차례로 쓰면 7, 4, 2, 0이므로 가장 큰 네 자리 수는 7420입니다.
작은 수부터 차례로 쓰면 0, 2, 4, 7인데 0은 천의 자리에 놓을 수 없습니다. 따라서 두 번째로 작은 수인 2를 천의 자리에 놓고 0을 백의 자리에 놓으면 가장 작은 네 자리 수는 2047입니다.

8 백의 자리 수를 비교하면 2<6이므로 □는 6과 같거나 6보다 커야 합니다.
➔ □= 6, 7, 8, 9

⁺9 더 오래 기다려야 하는 사람은 입장 번호표의 수가 더 큰 사람입니다. 1342>1086이므로 더 오래 기다려야 하는 사람은 윤하입니다.

01~06일 단원평가
032~033쪽

01 (1) 200 (2) 100

02 ✕

03 주하

04 3000자루

05 5426

06 2891에 ◯표, 4568에 △표

07 6368, 8368

08 8532, 2358

09 1, 2, 3, 4, 5에 ◯표

10 풀이 참조 / 7527

01 (1) 1000은 800보다 200만큼 더 큰 수입니다.
(2) 1000은 10이 100개인 수입니다.

02 • 1000은 600보다 400만큼 더 큰 수입니다.
• 1000은 500보다 500만큼 더 큰 수입니다.

03 서준: 천 모형이 4개이면 4000입니다.
민호: 백 모형이 40개이면 4000입니다.
주하: 백 모형이 4개이면 400입니다.
따라서 다른 수를 말한 사람은 주하입니다.

04 100이 10개이면 1000이므로 100이 30개이면
3000입니다. 따라서 연필은 모두 3000자루입니다.

05 100이 14개인 수는 1000이 1개, 100이 4개인 수와
같습니다. 따라서 1000이 5개, 100이 4개, 10이 2개,
1이 6개인 수가 나타내는 네 자리 수는 5426입니다.

06 456<u>8</u> ➜ 일의 자리, 8
2<u>8</u>91 ➜ 백의 자리, 800
57<u>8</u>1 ➜ 십의 자리, 80

07 천의 자리 수가 1씩 커지므로 1000씩 뛰어 세었습니다.

08 큰 수부터 차례로 쓰면 8, 5, 3, 2이므로 가장 큰 네 자리
수는 8532이고, 가장 작은 네 자리 수는 2358입니다.

09 천의 자리, 백의 자리, 십의 자리 수가 같으므로 일의 자
리 수를 비교하면 ☐ 안에 들어갈 수 있는 수는 6보다
작아야 합니다. ➜ ☐ = 1, 2, 3, 4, 5

10 예 1000이 3개이면 3000, 100이 5개이면 500, 10
이 2개이면 20, 1이 7개이면 7이므로 3527입니다.
3527에서 1000씩 4번 뛰어 세면 3527−4527−
5527−6527−7527입니다.

채점기준	
❶	설명하는 수를 구해야 함.
❷	❶에서 구한 수를 1000씩 4번 뛰어 센 수를 구해야 함.

📖 본책 034~037쪽

07일 2의 단 곱셈구구

확인 034쪽

❶ (1) 6 (2) 8 (3) 2

기본기 다지는 교과서 문제
035쪽

1 10, 10

2 8, 5, 12

3  / 4

1 꽃이 2송이씩 있는 꽃병이 5개입니다.
➜ 덧셈식으로 나타내면 2+2+2+2+2=10입니다.
➜ 곱셈식으로 나타내면 2×5=10입니다.

2 젓가락 한 벌은 2짝입니다.
➜ 2×4=8, 2×5=10, 2×6=12

3 2×6=12입니다. 2×8은 2×6보다 4(2×2)만큼
더 큽니다.

스스로 풀어내는 도전 10 문제
036~037쪽

1 8, 8

2 8, 16

3 ✕

4 10, 16 / 6

5 (왼쪽에서부터) 14, 16, 18 / 2

6 방법1 4, 2, 2, 2, 8 방법2 2, (왼쪽에서부터) 8, 2

7 12개

8 7, 9

⁺9 14개

⁺10 3, 3, 6

1 사탕이 한 봉지에 2개씩 4봉지입니다.
→ 덧셈식으로 나타내면 2+2+2+2=8,
곱셈식으로 나타내면 2×4=8입니다.

힌트북 14쪽

2

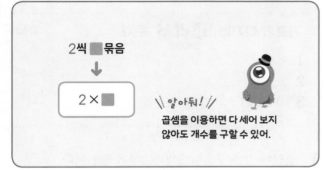

2씩 ■묶음
↓
2×■

\알아둬!/
곱셈을 이용하면 다 세어 보지
않아도 개수를 구할 수 있어.

별이 한 묶음에 2개씩 8묶음입니다.
→ 곱셈식으로 나타내면 2×8=16입니다.

3 2×5=10
2×8=16
2×6=12

4 2×5=10, 2×8=16
→ 2×8은 2×5보다 6(2×3)만큼 더 큽니다.

5 2×7=14, 2×8=16, 2×9=18
→ 2의 단 곱셈구구에서 곱하는 수가 1씩 커지면 곱은 2씩 커집니다.

6 방법 1 2×4=2+2+2+2=8
방법 2 2×4=2×3+2=6+2=8

7 비둘기 한 마리의 다리는 2개이므로 6마리의 다리는 2×6=12(개)입니다.

8 ・2×7=14이므로 ㉠=7입니다.
・2×9=18이므로 ㉡=9입니다.

+9 한 봉지에 빵이 2개씩 들어 있으므로 7봉지에는 빵이 2×7=14(개) 들어 있습니다.

본책 038~041쪽

08일 5의 단 곱셈구구

확인 038쪽

1 (1) 15 (2) 20 (3) 5

기본기 다지는 교과서 문제 039쪽

1 25, 25
2 30, 7, 40
3 예

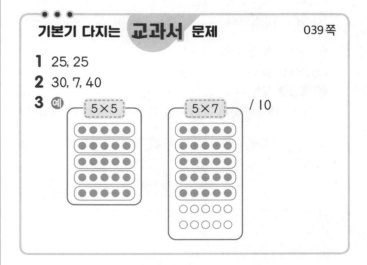

5×5   5×7   / 10

1 딸기가 5개씩 있는 접시가 5개입니다.
→ 덧셈식으로 나타내면 5+5+5+5+5=25입니다.
→ 곱셈식으로 나타내면 5×5=25입니다.

2 한 묶음에 구슬이 5개입니다.
5×6=30, 5×7=35, 5×8=40

3 5×5=25입니다. 5×7은 5×5보다 10(5×2)만큼 더 큽니다.

스스로 풀어내는 도전 10 문제 040~041쪽

1 15, 15   **2** 4, 20
3 35   **4** 40
5 >
6 5, 10, 15, 20, 25, 30, 35에 ○표
7 25 cm   **8** 21
+9 1, 2, 3
+10 4, 5, 5, 5, 5, 20 / 5, (왼쪽에서부터) 20, 5

1 사과가 5개씩 3묶음입니다.
→ 덧셈식으로 나타내면 5+5+5=15,
곱셈식으로 나타내면 5×3=15입니다.

2 5씩 4번 뛰어 센 것은 5×4=20과 같습니다.

3 5의 단 곱셈구구를 외워 계산합니다.
→ 5×7=35

4 5×7=35이므로 35보다 5만큼 더 큰 수는
35+5=40입니다.
다른 풀이 5×7보다 5만큼 더 큰 수는 5×8이므로
5×8=40입니다.

5 5×9=45, 5×8=40
45>40이므로 5×9>5×8입니다.
다른 풀이 5의 단 곱셈구구에서 곱하는 수가 1 크면 곱
은 5 큽니다. 따라서 곱하는 수가 큰 5×9가 더 큽니다.

6 5의 단 곱셈구구에서 곱의 일의 자리 숫자는 0 또는 5
입니다.

힌트북 17쪽

7

5 cm가 ▇개

↓

5×▇ (cm)

5 cm 나무토막이 5개이므로 5×5=25 (cm)입니다.

8 ・5×3=15이므로 ㉠=15입니다.
・5×6=30이므로 ㉡=6입니다.
→ ㉠+㉡=15+6=21입니다.

⁺9 5×3=15, 5×4=20이므로 5와 곱했을 때 17보다
작은 수는 1, 2, 3입니다.

📖 본책 042~045쪽

09일 3의 단과 6의 단 곱셈구구

기본기 다지는 교과서 문제 043쪽

1 9, 9
2 36
3 (1) 18, 21 / 3 (2) 12, 18 / 6

1 색깔이 같은 구슬이 3개씩 3묶음 있습니다.
→ 덧셈식으로 나타내면 3+3+3=9입니다.
→ 곱셈식으로 나타내면 3×3=9입니다.

2 딸기가 6개씩 6접시 있습니다.
→ 6×6=36

3 (1) 3의 단 곱셈구구에서 곱하는 수가 1씩 커지면 곱은
3씩 커집니다.
(2) 6의 단 곱셈구구에서 곱하는 수가 1씩 커지면 곱은
6씩 커집니다.

스스로 풀어내는 도전 10 문제 044~045쪽

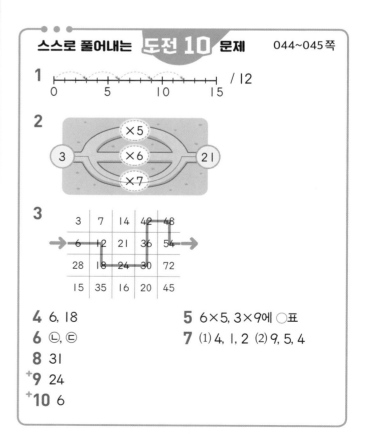

4 6, 18
5 6×5, 3×9에 ○표
6 ㉡, ㉢
7 (1) 4, 1, 2 (2) 9, 5, 4
8 31
⁺9 24
⁺10 6

1 3×4는 3씩 4번입니다. $\rightarrow 3 \times 4 = 12$

2 $3 \times 7 = 21$이므로 $3, \times 7, 21$을 연결합니다.

3 $6 \times 1 = 6$, $6 \times 2 = 12$, $6 \times 3 = 18$, $6 \times 4 = 24$,
$6 \times 5 = 30$, $6 \times 6 = 36$, $6 \times 7 = 42$, $6 \times 8 = 48$,
$6 \times 9 = 54$

4 삼각형 한 개를 만드는 데 성냥개비를 3개씩 사용하였으므로 삼각형 6개를 만드는 데 사용한 성냥개비는 모두 $3 \times 6 = 18$(개)입니다.

5 $3 \times 6 = 18$, $6 \times 5 = 30$, $3 \times 9 = 27$, $6 \times 4 = 24$
$\rightarrow$ 곱이 25보다 큰 것은 6×5, 3×9입니다.

힌트북 **18**쪽

6
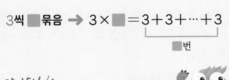

\\ 알아둬! //
5묶음은 4묶음$+1$묶음, 3묶음$+2$묶음 등 여러 가지로 생각할 수 있어.

모형은 3개씩 5개가 있습니다.
ⓒ $3 \times 5 = 15$
ⓒ $3 \times 3 = 9$, $3 \times 2 = 6$ $\rightarrow 9 + 6 = 15$
모형의 전체 개수를 알아보는 방법으로 옳은 것은 ⓒ, ⓒ입니다.

7 (1) 3의 단 곱셈구구를 이용하여 $1, 2, 4$가 모두 들어가는 곱셈식을 찾습니다.
$\rightarrow 3 \times 4 = 12$
(2) 6의 단 곱셈구구를 이용하여 $4, 5, 9$가 모두 들어가는 곱셈식을 찾습니다.
$\rightarrow 6 \times 9 = 54$

8 $6 \times 5 = 30$이므로 $30 < \square$입니다.
따라서 $\square$ 안에 들어갈 수 있는 가장 작은 두 자리 수는 31입니다.

⁺9 3의 단 곱셈구구의 값도 되고 6의 단 곱셈구구의 값도 되는 수는 $6, 12, 18, 24$입니다.
이 중에서 20과 25 사이의 수는 24입니다.

⁺10 6×9는 6을 9번 더한 것이므로 6×8에 6을 더한 것과 같습니다.

 **4의 단과 8의 단 곱셈구구**

• • • •
기본기 다지는 교과서 문제 047쪽

1 $16, 5, 6, 7, 28$
2 예

3 $8, 4, 2$

2 8×3은 8씩 3묶음이므로 한 접시에 ○를 8개씩 그립니다.

3 • 도넛을 2개씩 묶으면 8묶음입니다. $\rightarrow 2 \times 8 = 16$
• 도넛을 4개씩 묶으면 4묶음입니다. $\rightarrow 4 \times 4 = 16$
• 도넛을 8개씩 묶으면 2묶음입니다. $\rightarrow 8 \times 2 = 16$

• • • •
스스로 풀어내는 도전 10 문제 048~049쪽

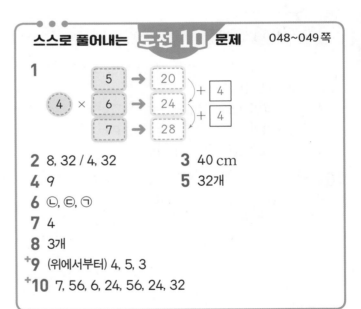

2 $8, 32$ / $4, 32$　　　　**3** 40 cm
4 9　　　　　　　　　　**5** 32개
6 ⓒ, ⓒ, ㉠
7 4
8 3개
⁺9 (위에서부터) $4, 5, 3$
⁺10 $7, 56, 6, 24, 56, 24, 32$

1 $4 \times 5 = 20$, $4 \times 6 = 24$, $4 \times 7 = 28$
$\rightarrow 4$의 단 곱셈구구에서 곱하는 수가 1씩 커지면 곱은 4씩 커집니다.

2 쿠기를 4개씩 묶으면 8묶음입니다.
$\rightarrow 4 \times 8 = 32$
쿠기를 8개씩 묶으면 4묶음입니다.
$\rightarrow 8 \times 4 = 32$

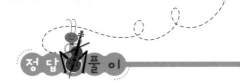
3 8 cm인 색 테이프 5장을 겹치지 않게 이어 붙인 전체 길이는 8×5=40 (cm)입니다.

4 4×□=36이고 4의 단 곱셈구구에서 4×9=36이므로 □=9입니다.

5 다리가 4개씩 있는 의자 8개의 전체 다리의 수는 4×8=32(개)입니다.

6 ㉠ 8×3=24
㉡ 6×6=36
㉢ 4×7=28
→ 36>28>24이므로 곱이 큰 것부터 차례로 기호를 쓰면 ㉡, ㉢, ㉠입니다.

7 8×2=16이고 두 곱셈구구의 곱이 같으므로 4×□=16입니다. 4×4=16이므로 □=4입니다.

8 4×5=20, 8×3=24이므로 20<□<24입니다. 20보다 크고 24보다 작은 수는 21, 22, 23으로 3개입니다.

⁺9

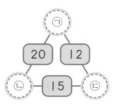

두 수의 곱이 20인 곱셈구구는 4×5, 5×4이므로 ㉡은 4 또는 5입니다.
두 수의 곱이 15인 곱셈구구 중 4 또는 5가 들어가는 것은 5×3이므로 ㉡=5, ㉢=3입니다.
3×4=12이므로 ㉠=4입니다.

⁺10 8>7>6>4이므로 가장 큰 곱은 8×7=56이고, 가장 작은 곱은 4×6=24입니다.
→ (두 곱의 차)=(가장 큰 곱)−(가장 작은 곱)
=56−24=32

11일 7의 단과 9의 단 곱셈구구

기본기 다지는 교과서 문제   051쪽

1 7, 28, 42, 49, 63
2 54, 54
3

---

1 7씩 뛰어 센 것이므로 7의 단 곱셈구구를 이용합니다.

2 포도알이 9개씩 달린 포도송이가 6개 있습니다.
→ 덧셈식으로 나타내면 9+9+9+9+9+9=54입니다.
→ 곱셈식으로 나타내면 9×6=54입니다.

3 7×5=35
9×9=81
7×9=63

스스로 풀어내는 도전 10 문제   052~053쪽

1 21   **2** 36
3 <   **4** 18
5 7, 8, 9   **6** 72
7 24   **8** 종욱
⁺9 42
⁺10 3, 21, 2, 18

---

1 7×3=21

2 9 cm씩 4번 뛴 것이므로 9×4=36 (cm)입니다.

3 7×9=63
→ 62<63

4 ㉠ 9×6=54
㉡ 9×4=36
→ 54−36=18

다른 풀이 9×6은 9×4보다 9×2만큼 크므로 ㉠과 ㉡의 차는 9×2=18입니다.

힌트북 22쪽

5

⋮
7×5=35
7×6=42
7×7=49
7×8=56
⋮

7의 단 곱셈구구를 외워 곱이 45보다 큰 경우를 모두 찾아.

7×□>45

□=6일 때 7×6=42 → 42>45 (×)
□=7일 때 7×7=49 → 49>45 (○)
□=8일 때 7×8=56 → 56>45 (○)
□=9일 때 7×9=63 → 63>45 (○)

6 두 수의 곱이 가장 큰 곱셈식을 만들려면 가장 큰 수와 두 번째로 큰 수의 곱을 구합니다.
따라서 두 수의 곱이 가장 큰 곱은 9×8=72입니다.

7 7×6=42이므로 ★=6입니다.
9×4=36이므로 ♥=4입니다.
→ ★×♥=6×4=24

8 서준: 9자루씩 5묶음이므로 9×5=45(자루)
수현: 서준이보다 2자루 더 많으므로 45+2=47(자루)
종욱: 7자루씩 7묶음이므로 7×7=49(자루)
49>47>45이므로 연필을 가장 많이 가지고 있는 친구는 종욱입니다.

+9 어떤 수를 □라고 하면 □×6=36입니다. 6×6=36이므로 □는 6입니다. 따라서 어떤 수는 6이고, 바르게 계산하면 6×7=42입니다.

+10 **참고** 9×5에서 2×3을 빼서 구할 수도 있습니다.

12일 1의 단 곱셈구구 / 0과 어떤 수의 곱

확인 ⋯⋯⋯⋯⋯⋯⋯⋯⋯⋯⋯⋯⋯⋯ 054쪽
❶ 2, 3, 5
❷ 0

기본기 다지는 교과서 문제 055쪽

1 1, 1 / 1
2 0, 0 / 0
3 (1) 9 (2) 7 (3) 0 (4) 0
4 0, 5, 2 / 7

1 어떤 수와 1의 곱은 항상 어떤 수가 됩니다.

2 어떤 수와 0의 곱은 항상 0입니다.

3 (1) 1×9=9 (2) 7×1=7
(3) 0×7=0 (4) 0×6=0

4 얻은 점수는 0+5+2=7(점)입니다.

스스로 풀어내는 도전 10 문제 056~057쪽

1 5, 5 　　　　**2** <
3 ㉢ 　　　　**4** 8
5

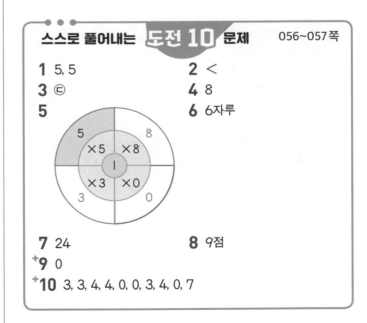

7 24 　　　　**8** 9점
+9 0
+10 3, 3, 4, 4, 0, 0, 3, 4, 0, 7

1 상자에 초콜릿이 1개씩 있으므로 상자 5개에 있는 초콜릿은 모두 1×5=5(개)입니다.

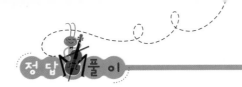

2 $6 \times 1 = 6, 1 \times 9 = 9$
  → $6 < 9$

힌트북 24쪽

3
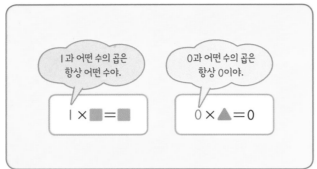

1과 어떤 수의 곱은 항상 어떤 수야.
0과 어떤 수의 곱은 항상 0이야.

$1 \times \blacksquare = \blacksquare$
$0 \times \blacktriangle = 0$

㉠ $0 \times 7 = 0$
㉡ $7 \times 0 = 0$
㉢ $1 \times 7 = 7$
㉣ $1 \times 0 = 0$
→ 계산 결과가 다른 것은 ㉢입니다.

4 $1 \times 8 = 8$이므로 ◆$=8$입니다.
  ◆$\times 1 =$★에서 $8 \times 1 = 8$이므로 ★$=8$입니다.

5 $1 \times 8 = 8, 1 \times 0 = 0, 1 \times 3 = 3$

6 연필을 1자루씩 6명에게 주었으므로 영민이가 친구들에게 준 연필은 모두 $1 \times 6 = 6$(자루)입니다.

7 (어떤 수)$\times 1 = 4$이고, $4 \times 1 = 4$이므로 어떤 수는 4입니다. 따라서 6과 4와의 곱은 $6 \times 4 = 24$입니다.

8 1등: $3 \times 1 = 3$(점)
  2등: $2 \times 1 = 2$(점)
  3등: $1 \times 4 = 4$(점)
  → (지혜네 반의 달리기 점수)$= 3 + 2 + 4 = 9$(점)

+9 $7 \times 7 = 49$이므로 ★$=7$입니다.
  $7 \times 1 = 7$이므로 ㉠$=7$입니다.
  $7 \times 0 = 0$이므로 ㉡$=0$입니다.
  → ㉠$\times$㉡$= 7 \times 0 = 0$

본책 058~061쪽

13일 곱셈표 만들기

확인 ·································· 058쪽

1 (1) 4 (2) 6 (3) 7, 4

기본기 다지는 교과서 문제
059쪽

1

×	1	2	3	4	5	6	7	8	9
7	7	14	21	28	35	42	49	56	63
8	8	16	24	32	40	48	56	64	72
9	9	18	27	36	45	54	63	72	81

2 (1)

×	3	4	5	6	7	8
3	9	12	15	18	21	24
4	12	16	20	24	28	32
5	15	20	25	30	35	40
6	18	24	30	36	42	48
7	21	28	35	42	49	56
8	24	32	40	48	56	64

(2) $4 \times 6, 6 \times 4, 8 \times 3$

3

7	28	35	32	72
14	21	42	54	64
24	27	49	56	63

3 $7 \times 1 = 7, 7 \times 2 = 14, 7 \times 3 = 21, 7 \times 4 = 28,$
  $7 \times 5 = 35, 7 \times 6 = 42, 7 \times 7 = 49, 7 \times 8 = 56,$
  $7 \times 9 = 63$

스스로 풀어내는 도전 10 문제
060~061쪽

1

×	1	2	3	4	5
1	1	2	3	4	5
2	2	4	6	8	10
3	3	6	9	12	15
4	4	8	12	16	20
5	5	10	15	20	25

2

×	4	5	6
4	16	20	24
5	20	25	30
6	24	30	36

3 5, 10, 2, 10 / 같습니다에 ○표

4 5×7, 7×5 **5** 57

6 7×6 **7** ⓒ, ⓔ

8

×	3	4	5	6	7
3					
4			★		
5					
6		24			
7					

⁺9 5, 21

⁺10 예 9의 단 곱셈구구에서는 곱이 9씩 커집니다.

1 빨간색으로 둘러싸인 곳의 규칙은 3씩 커지는 규칙입니다.

3 2개씩 묶으면 5묶음입니다. ➡ 2×5＝10
5개씩 묶으면 2묶음입니다. ➡ 5×2＝10
곱하는 두 수의 순서를 서로 바꾸어도 곱은 같습니다.

4 ♥에 들어갈 수는 5×7＝35입니다.
따라서 알맞은 곱셈식은 5×7, 7×5입니다.

5 ㉠＝4×9＝36, ㉡＝7×3＝21
➡ ㉠＋㉡＝36＋21＝57

6 6×7과 곱이 같은 곱셈구구는 곱하는 두 수의 순서를
서로 바꾼 7×6입니다.

7 ㉠＝5×4＝20, ㉡＝5×6＝30, ㉢＝6×5＝30,
㉣＝7×3＝21, ㉤＝7×8＝56
➡ 곱이 30인 것은 ㉡, ㉢입니다.

8 점선을 따라 접었을 때 ★과 만나는 칸은 6×4＝24가
들어가는 칸입니다.

⁺9

×	3	㉠	7	9
5	15			45
6		30		
■	㉡		49	

6×㉠＝30에서 6×5＝30이
므로 ㉠은 5입니다.
■×7＝49에서 7×7＝49이므
로 ■은 7입니다.

7의 단 곱셈구구에서 7×3＝21이므로 ㉡은 21입니다.

⁺10 ■의 단 곱셈구구에서는 곱이 ■씩 커집니다.

📖 본책 062~065쪽

14일 곱셈구구를 이용하여 문제 해결하기

확인 062쪽

① (1) 3, 4 (2) 4, 12 (3) 12

기본기 다지는 교과서 문제 063쪽

1 4, 6, 24

2 4, 4, 16

3 9, 3, 27

2 4명씩 앉을 수 있는 긴 의자가 4개이므로
4×4＝16(명)이 앉을 수 있습니다.

3 영민이 삼촌의 나이는 영민이 나이의 3배이므로
9×3＝27(살)입니다.

스스로 풀어내는 도전 10 문제 064~065쪽

1 5, 6, 30 / 30마리 **2** 6×8＝48 / 48명

3 24명 **4** 37개

5 34자루 **6** 18개

7 43권 **8** 42

⁺9 5개

⁺10 5, 5, 45, 45

1 (물고기의 수)
＝(한 어항에 들어 있는 물고기의 수)×(어항의 수)
＝5×6＝30(마리)

2 (탈 수 있는 사람의 수)
＝(한 칸에 탈 수 있는 사람의 수)×(칸의 수)
＝6×8＝48(명)

3 (운동장에 서 있는 학생의 수)
＝(한 줄에 서 있는 학생의 수)×(줄의 수)
＝8×3＝24(명)

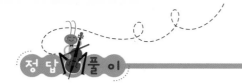

4 (민호가 가지고 있는 구슬의 수)=9×5=45(개)
(종욱이가 가지고 있는 구슬의 수)
= (민호가 가지고 있는 구슬의 수)−8
=45−8=37(개)

5 (나누어 준 연필의 수)=7×8=56(자루)
(남은 연필의 수)
=90−(나누어 준 연필의 수)
=90−56=34(자루)

6 (두발자전거 바퀴의 수)=2×3=6(개)
(세발자전거 바퀴의 수)=3×4=12(개)
(전체 자전거 바퀴의 수)
= (두발자전거 바퀴의 수)+(세발자전거 바퀴의 수)
=6+12=18(개)

7 (슬기에게 준 공책의 수)=7×3=21(권)
(로운이에게 준 공책의 수)=4×5=20(권)
(처음에 있던 공책의 수)
= (슬기에게 준 공책의 수)
   +(로운이에게 준 공책의 수)+2
=21+20+2=43(권)

힌트북 **29쪽**

8

> (주사위 눈의 수)×(나온 횟수)의 꼴로
> 곱셈식을 만들어서 모두 더해.

주사위 눈	•	••	•••	••••	•••••	•• ••
나온 횟수(번)	5	3	0	4	3	0

1×5

눈의 수가 1일때: 1×5=5
눈의 수가 2일때: 2×3=6
눈의 수가 3일때: 3×0=0
눈의 수가 4일때: 4×4=16
눈의 수가 5일때: 5×3=15
눈의 수가 6일때: 6×0=0
➡ 5+6+0+16+15+0=42

+9 (처음 복숭아의 수)=6×9=54(개)
(팔고 남은 복숭아의 수)=54−14=40(개)
한 상자에 □개씩 담았다고 하면
8×□=40에서 8×5=40이므로 □=5입니다.
따라서 한 상자에 5개씩 담았습니다.

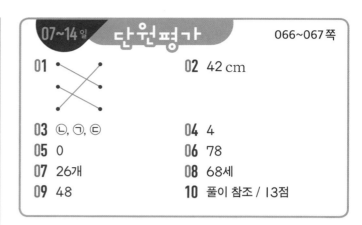

01 (그림)
02 42 cm
03 ㉡, ㉠, ㉢
04 4
05 0
06 78
07 26개
08 68세
09 48
10 풀이 참조 / 13점

01 2×6=12, 3×7=21, 4×5=20

02 6 cm가 7토막이므로 6×7=42 (cm)입니다.

03 ㉠ 7×5=35 ㉡ 4×8=32 ㉢ 6×6=36
➡ 32<35<36이므로 곱이 작은 것부터 차례로 기호를 쓰면 ㉡, ㉠, ㉢입니다.

04 8×3=24이므로 6×□=24입니다.
6×4=24이므로 □=4입니다.

05 (어떤 수)×□=0, □×(어떤 수)=0이면 □=0입니다. 따라서 □ 안에 공통으로 들어갈 수는 0입니다.

06

×	4	5	6	7	8
7				㉠	
◆	㉡			63	

7×6=42이므로 ㉠=42입니다.
◆×7=63에서 9×7=63이므로 ◆=9입니다.
9×4=36이므로 ㉡=36입니다.
➡ ㉠+㉡=42+36=78

07 (오토바이 7대의 바퀴의 수)=2×7=14(개)
(자동차 3대의 바퀴의 수)=4×3=12(개)
➡ 14+12=26(개)

08 9×8=72이므로
(할아버지의 연세)=72−4=68(세)입니다.

09 가장 큰 곱을 구하려면 가장 큰 수와 두 번째로 큰 수를 곱해야 합니다. 8>6>4이므로 8×6=48입니다.

10 [예시] [답안] 1등이 3명이므로 3×3=9(점), 2등이 4명이므로 1×4=4(점), 3등이 2명이므로 0×2=0(점)입니다. 따라서 영민이네 모둠의 퀴즈 대회 점수는 모두 9+4+0=13(점)입니다.

채점 기준	❶ 1등, 2등, 3등의 점수를 각각 구해야 함.
	❷ 영민이네 모둠의 퀴즈 대회 점수를 구해야 함.

15일 cm보다 더 큰 단위

확인 ·· 068쪽

① 100, 1 미터
② 40 / 2, 40

기본기 다지는 교과서 문제 ···················· 069쪽

1 (1) **2 m** 2 m
(2) **3 m** 3 m

2 (1) 3 미터 6 센티미터 (2) 5 미터 48 센티미터
3 (1) 100, 1, 1 (2) 2, 200, 250
4 (1) 508 (2) 6, 5

---

1 숫자는 크게 쓰고 m는 숫자보다 작게 씁니다.

2 (1) 3 m 6 cm
　　3 미터 6 센티미터

　　(2) 5 m 48 cm
　　5 미터 48 센티미터

4 100 cm=1 m입니다.
　(1) 5 m 8 cm=5 m+8 cm
　　　　　　=500 cm+8 cm=508 cm
　(2) 605 cm=600 cm+5 cm
　　　　　　=6 m+5 cm=6 m 5 cm

스스로 풀어내는 도전 10 문제 ··········· 070~071쪽

1

2 (1) cm (2) m　　　　**3** ㉡
4 ㉡, ㉢ / ㉠, ㉣　　**5** 1 m 39 cm
6 2 m 36 cm
7 서준

8

1 m 9 cm
=109 cm　705 cm
=7 m 50 cm　9 m 3 cm
=930 cm

⁺9 328 cm
⁺10 11, 27 / 11, 27, 11, 27

---

1 4 m 36 cm=4 m+36 cm
　　　　　　=400 cm+36 cm=436 cm
　4 m=400 cm
　4 m 63 cm=4 m+63 cm
　　　　　　=400 cm+63 cm=463 cm

2 1 m=100 cm임을 생각하여 m와 cm 중 알맞게 써넣습니다.

3 ㉡ 6 m 6 cm는 606 cm입니다.

4 냉장고의 높이, 칠판의 긴 쪽의 길이는 1 m보다 깁니다.

5 수현이의 키는 1 m보다 39 cm 더 크므로
　1 m 39 cm입니다.

6 236 cm=200 cm+36 cm
　　　　　=2 m+36 cm=2 m 36 cm
　따라서 우리나라의 남자 높이뛰기 최고 기록은
　2 m 36 cm입니다.

7 슬기: 1 cm인 나무 막대 10개를 한 줄로 이어 붙이면
　　　1 cm의 10배이므로 10 cm입니다.
　서준: 10 cm인 색 테이프 10장을 겹치지 않게 이으면
　　　10 cm의 10배이므로 100 cm입니다.
　　　100 cm=1 m입니다.

8 1 m 9 cm=1 m+9 cm
　　　　　=100 cm+9 cm=109 cm
　705 cm=700 cm+5 cm
　　　　=7 m+5 cm=7 m 5 cm
　9 m 3 cm=9 m+3 cm
　　　　　=900 cm+3 cm=903 cm

⁺9 민호가 가지고 있는 끈의 길이는 윤하가 가지고 있는 끈의 길이, 즉 3 m보다 28 cm 더 길므로
　3 m 28 cm입니다.
　3 m 28 cm=3 m+28 cm
　　　　　　=300 cm+28 cm=328 cm

16일 자로 길이 재기

확인 ·· 072쪽
1 (○)( )
2 0 / 180 / 180, 1, 80

● ● ● ●
기본기 다지는 교과서 문제
073쪽

1 (1) 103 (2) 1, 8
2 140
3 1, 34

2 리본의 길이는 140 cm입니다.

3 지혜의 머리 끝에 있는 눈금을 읽으면 134이므로 지혜의 키는 134 cm입니다.
134 cm = 100 cm + 34 cm
= 1 m + 34 cm
= 1 m 34 cm

● ● ●
스스로 풀어내는 도전 10 문제
074~075쪽

1 190 cm 2 1 m 50 cm
3 ㉠ 4 ㉡, ㉣
5 (위에서부터) 1 m 65 cm / 230 cm
6 서연 7 ㉡
8 7, 8, 9
⁺9 310 cm
⁺10 335, 352, 352, 335, ㉰

1 털실의 오른쪽 끝에 있는 눈금을 읽으면 190이므로 털실의 길이는 190 cm입니다.

2 크리스마스트리의 위쪽 끝에 있는 눈금을 읽으면 150이므로 크리스마스트리의 높이는 150 cm입니다.
150 cm = 100 cm + 50 cm
= 1 m + 50 cm = 1 m 50 cm

---

3 액자의 긴 쪽의 길이는 115 cm입니다.
115 cm = 100 cm + 15 cm
= 1 m + 15 cm
= 1 m 15 cm
따라서 액자의 긴 쪽의 길이를 바르게 설명한 것은 ㉠입니다.

4 길이가 약 2 m인 물건은 방문의 높이, 옷장의 높이입니다.

5 책장의 높이: 165 cm = 100 cm + 65 cm
= 1 m + 65 cm
= 1 m 65 cm
창문의 높이: 2 m 30 cm = 2 m + 30 cm
= 200 cm + 30 cm
= 230 cm

6 침대의 한끝을 자의 눈금 0에 맞추고 다른 쪽 끝에 있는 자의 눈금을 읽어야 합니다. 자의 눈금이 0이 아닌 5부터 시작했으므로 2 m 20 cm라고 읽은 것은 잘못되었습니다.

7 ㉠은 155 cm이고, ㉡은 175 cm입니다.
155 cm < 175 cm이므로 길이가 더 긴 줄넘기는 ㉡입니다.

8 1 m = 100 cm이므로 5 m 68 cm = 568 cm입니다.
5☐4 cm > 568 cm이므로 ☐ > 6이어야 합니다.
☐ 안에 6을 넣으면 564 cm < 568 cm이므로 ☐ 안에 6은 들어갈 수 없습니다. 따라서 ☐ 안에 들어갈 수 있는 수는 7, 8, 9입니다.

⁺9 1 m짜리 줄자로 3번 잰 길이는 3 m이고 10 cm 남았으므로 소파 긴 쪽의 길이는 3 m 10 cm입니다.
3 m 10 cm = 3 m + 10 cm
= 300 cm + 10 cm
= 310 cm

⁺10 세 철사의 길이를 모두 몇 cm로 바꾼 다음 길이를 비교합니다.

17일 길이의 합 구하기

076쪽

확인

① 3, 90 / 3, 90

기본기 다지는 교과서 문제

077쪽

1 (1) 3, 74 (2) 8, 53
2 (1) 4, 77 (2) 8, 28
3 7, 98

---

1 m는 m끼리, cm는 cm끼리 더합니다.

2 m는 m끼리, cm는 cm끼리 더합니다.

3 (종이테이프의 전체 길이)
$= 4 \, m \, 36 \, cm + 3 \, m \, 62 \, cm$
$= 7 \, m \, 98 \, cm$

스스로 풀어내는 도전 10 문제

078~079쪽

1 6, 39
2 9 m 71 cm
3 ㉡, ㉠, ㉢
4
```
    3 m   28 cm
 +  2 m   87 cm
    6 m   15 cm
```
5 6, 20
6 97 m 5 cm
7 21, 5
8 7
⁺**9** 8 m 51 cm
⁺**10** 429, 4, 7, 4, 29, 8, 36

---

1 $4 \, m \, 12 \, cm + 2 \, m \, 27 \, cm = 6 \, m \, 39 \, cm$

2 $5 \, m \, 46 \, cm + 4 \, m \, 25 \, cm = 9 \, m \, 71 \, cm$

3 ㉠ $4 \, m \, 42 \, cm + 4 \, m \, 27 \, cm = 8 \, m \, 69 \, cm$
㉡ $5 \, m \, 23 \, cm + 3 \, m \, 56 \, cm = 8 \, m \, 79 \, cm$
㉢ $7 \, m \, 14 \, cm + 1 \, m \, 38 \, cm = 8 \, m \, 52 \, cm$

$8 \, m \, 79 \, cm > 8 \, m \, 69 \, cm > 8 \, m \, 52 \, cm$이므로 길이가 긴 것부터 차례로 기호를 쓰면 ㉡, ㉠, ㉢입니다.

4
```
    3 m   28 cm
 +  2 m   87 cm
    6 m  115 cm
```

5 $1 \, m \, 95 \, cm + 4 \, m \, 25 \, cm = 6 \, m \, 20 \, cm$

6 (집에서 학교를 거쳐 서점까지의 거리)
$=$ (집에서 학교까지의 거리)
$\quad +$ (학교에서 서점까지의 거리)
$= 75 \, m \, 40 \, cm + 21 \, m \, 65 \, cm$
$= 97 \, m \, 5 \, cm$

힌트북 35쪽

7

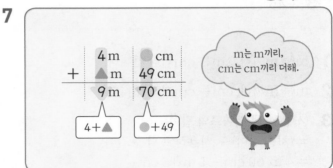

cm는 cm끼리 더하면 ●+49=70이므로
70−49=●, ●=21입니다.
m는 m끼리 더하면 4+▲=9이므로 9−4=▲,
▲=5입니다.

8 $3 \, m \, 52 \, cm + 2 \, m \, 60 \, cm = 6 \, m \, 12 \, cm$이므로
$6 \, m \, 12 \, cm < \square \, m$입니다.
따라서 □ 안에 들어갈 수 있는 가장 작은 수는 7입니다.

⁺**9** (민호가 가지고 있는 리본의 길이)
$=$ (윤하가 가지고 있는 리본의 길이)$+ 1 \, m \, 14 \, cm$
$= 7 \, m \, 37 \, cm + 1 \, m \, 14 \, cm$
$= 8 \, m \, 51 \, cm$

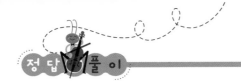
18일 길이의 차 구하기

확인 ────────────────────────── 080쪽
1 1, 30

기본기 다지는 교과서 문제　　　　　　081쪽

1 (1) 1, 30　(2) 3, 40
2 (1) 6, 42　(2) 3, 34
3 3, 45

---

1 m는 m끼리, cm는 cm끼리 뺍니다.

2 m는 m끼리, cm는 cm끼리 뺍니다.

3 (사용한 색 테이프의 길이)
  =(처음 길이)−(사용하고 남은 길이)
  =4 m 60 cm−1 m 15 cm
  =3 m 45 cm

스스로 풀어내는 도전 10 문제　　082~083쪽

1 (선 잇기)　　　　　2 3, 61

3 (○)　　　　　　4 3, 66
  (   )

5 47 cm

6 (위에서부터) 9, 7, 5 / 3 m 43 cm

7 2 m 3 cm　　　　　8 93 m 60 cm

⁺9 1 m 50 cm

⁺10 10, 15, 슬기

---

1 5 m 38 cm−2 m 23 cm=3 m 15 cm
  7 m 54 cm−4 m 41 cm=3 m 13 cm

2 5 m 97 cm−2 m 36 cm=3 m 61 cm

---

3 6 m 68 cm−2 m 19 cm=4 m 49 cm
  ➡ 4 m 51 cm>4 m 49 cm

4 6 m 42 cm−2 m 76 cm=3 m 66 cm

5 (늘어난 고무줄의 길이)
  =(잡아당긴 후 고무줄의 길이)
  　−(잡아당기기 전 고무줄의 길이)
  =4 m 35 cm−3 m 88 cm
  =47 cm

6 가장 긴 길이를 만들려면 앞에서부터 큰 수를 차례로 써 넣습니다. ➡ 가장 긴 길이: 9 m 75 cm
  따라서 9 m 75 cm와 6 m 32 cm의 차는
  9 m 75 cm−6 m 32 cm=3 m 43 cm입니다.

7 (위쪽 리본의 길이)=2 m 64 cm+3 m 91 cm
  　　　　　　　　　=6 m 55 cm
  두 개의 리본의 길이가 같으므로
  (㉠의 길이)=(위쪽 리본의 길이)−4 m 52 cm
  　　　　　=6 m 55 cm−4 m 52 cm
  　　　　　=2 m 3 cm

8 (학교에서 문구점까지의 거리)
  =(서연이네 집에서 문구점까지의 거리)
  　−(서연이네 집에서 학교까지의 거리)
  =84 m 35 cm−75 m 10 cm
  =9 m 25 cm
  (서연이가 움직인 거리)
  =(학교에서 문구점까지의 거리)
  　+(문구점에서 서연이네 집까지의 거리)
  =9 m 25 cm+84 m 35 cm
  =93 m 60 cm

⁺9 (영민이의 줄넘기의 길이)
  =(아빠의 줄넘기의 길이)−1 m 10 cm
  =2 m 60 cm−1 m 10 cm
  =1 m 50 cm

19일 길이 어림하기

확인

1 (1) 2, 2 (2) 3, 3

기본기 다지는 교과서 문제

1 4

2 (선 연결)

3 5

---

1 사물함 긴 쪽의 길이는 로운이가 양팔을 벌린 길이, 즉 1 m의 약 4배이므로 약 4 m입니다.

2 • 우산의 길이는 약 1 m입니다.
 • 방문의 높이는 약 2 m입니다.
 • 트럭의 길이는 약 5 m입니다.

3 끈의 길이는 1 m의 약 5배입니다.
 따라서 어림한 끈의 길이는 약 5 m입니다.

스스로 풀어내는 도전 10 문제

1 (위에서부터) 예 의자 / 예 옷장

2 (1) 3 m (2) 130 cm (3) 25 m

3 ㉠, ㉣ **4** ㉡, ㉢, ㉠

5 수현 **6** 3 m

7 종욱이네 모둠 **8** 찬혁

+9 5뼘

+10 9, 9, 9, 9

---

1 • 내 키보다 짧은 물건: 예 책상, 식탁, 의자 등
 • 내 키보다 긴 물건: 예 방문, 냉장고, 옷장 등

2 1 m=100 cm임을 생각하여 m와 cm 중 알맞게 써 넣습니다.

3 버스의 길이, 테니스장 긴 쪽의 길이는 5 m보다 깁니다.

4 ㉠은 걸음, ㉡은 뼘, ㉢은 발 길이입니다.
 짧은 길이로 잴수록 재는 횟수가 많습니다.
 (한 뼘의 길이)<(한 발의 길이)<(한 걸음의 길이)
 이므로 재는 횟수가 많은 것부터 차례로 기호를 쓰면
 ㉡, ㉢, ㉠입니다.

5 서준: 건물 긴 쪽의 길이는 서준이의 걸음인 50 cm의
   약 20배입니다.
   50 cm의 2배는 100 cm=1 m이므로 50 cm
   의 약 20배는 약 10 m입니다.
 수현: 건물 짧은 쪽의 길이는 수현이의 양팔을 벌린 길
   이인 1 m의 약 7배이므로 약 7 m입니다.
 따라서 건물의 길이를 바르게 어림한 사람은 수현입니다.

6 약 6걸음은 2걸음씩 약 3번입니다.
 1 m의 약 3배는 약 3 m이므로 화단 긴 쪽의 길이는 약 3 m입니다.

7 • 종욱이네 모둠: 130 cm씩 6명
   130+130+130+130+130+130
   =780 (cm) ➡ 약 8 m
 • 영민이네 모둠: 130 cm씩 4명
   130+130+130+130
   =520 (cm) ➡ 약 5 m
 따라서 8 m에 더 가까운 모둠은 종욱이네 모둠입니다.

8 유영: 3 m의 약 3배이므로 약 9 m입니다.
 수하: 3 m의 약 5배이므로 약 15 m입니다.
 찬혁: 3 m의 약 4배이므로 약 12 m입니다.
 따라서 12 m에 가장 가깝게 어림한 사람은 찬혁입니다.

+9 식탁의 짧은 쪽의 길이는 민호의 뼘으로 약 8뼘이므로
 10+10+10+10+10+10+10+10=80
 ➡ 약 80 cm입니다.
 식탁의 짧은 쪽의 길이는 약 80 cm이고 엄마의 한 뼘
 은 약 16 cm입니다. 16+16+16+16+16=80
 이므로 엄마가 뼘으로 같은 길이를 재면 약 5뼘입니다.

15~19일 단원평가 088~089쪽

01

02 245 cm

03 I m 30 cm

04 ㉠

05 ㉡

06 89 m 78 cm

07 2, 21

08 I2 m

09 7 m

10 풀이 참조 / 7, 4I / 2 m 25 cm

01 5 m 27 cm＝5 m＋27 cm
＝500 cm＋27 cm
＝527 cm
5 m 72 cm＝5 m＋72 cm
＝500 cm＋72 cm
＝572 cm
5 m 7 cm＝5 m＋7 cm
＝500 cm＋7 cm
＝507 cm

02 서준이가 가지고 있는 털실의 길이는 윤하가 가지고 있는 털실의 길이, 즉 2 m보다 45 cm 더 길므로 2 m 45 cm입니다.
2 m 45 cm＝2 m＋45 cm
＝200 cm＋45 cm
＝245 cm

03 스탠드 조명의 위쪽 끝에 있는 눈금을 읽으면 I30이므로 스탠드 조명의 높이는 I30 cm입니다.
I30 cm＝I00 cm＋30 cm
＝I m＋30 cm
＝I m 30 cm

04 ㉠ I85 cm ㉡ 2I0 cm
I85 cm＜2I0 cm이므로 길이가 더 짧은 리본은 ㉠입니다.

05 ㉠ 2 m I8 cm＋3 m 52 cm＝5 m 70 cm
㉡ 4 m 45 cm＋I m 29 cm＝5 m 74 cm
㉢ 2 m 73 cm＋2 m 84 cm＝5 m 57 cm
5 m 74 cm＞5 m 70 cm＞5 m 57 cm이므로 길이가 가장 긴 것의 기호를 쓰면 ㉡입니다.

06 (슬기네 집에서 도서관을 지나 편의점까지의 거리)
＝(슬기네 집에서 도서관까지의 거리)
＋(도서관에서 편의점까지의 거리)
＝64 m 50 cm＋25 m 28 cm
＝89 m 78 cm

07 5 m 39 cm－3 m I8 cm＝2 m 2I cm

08 밧줄의 길이는 I m의 약 I2배입니다. 따라서 어림한 밧줄의 길이는 약 I2 m입니다.

09 약 I4걸음은 2걸음씩 약 7번입니다. I m의 약 7배는 약 7 m이므로 축구 골대의 긴 쪽의 길이는 약 7 m입니다.

10 예시 답안 가장 긴 길이를 만들려면 앞에서부터 큰 수를 차례로 써넣습니다. ➡ 가장 긴 길이: 7 m 4I cm
따라서 7 m 4I cm와 5 m I6 cm의 차는
7 m 4I cm－5 m I6 cm＝2 m 25 cm입니다.

채점 기준	❶ 가장 긴 길이를 만들어야 함.
	❷ 가장 긴 길이와 5 m I6 cm와의 차를 구해야 함.

20일 몇 시 몇 분 알아보기

확인 ·· 090쪽

① (1) 6, 7 (2) 9 (3) 6, 45
② (1) 1, 2 (2) 4 (3) 1, 54

기본기 다지는 교과서 문제 091쪽

1 (1) 2, 55 (2) 7, 25
2 (1) 5분에 ○표 (2) 1분에 ○표
3 (1)   (2)

1 (1) 짧은바늘은 2와 3 사이에 있으므로 2시이고 긴바늘은 11을 가리키므로 55분입니다. → 2시 55분
　　(2) 짧은바늘은 7과 8 사이에 있으므로 7시이고 긴바늘은 5를 가리키므로 25분입니다. → 7시 25분

2 (1) 시계의 긴바늘이 가리키는 숫자가 1씩 커질수록 5분씩 늘어납니다.
　　(2) 시계의 긴바늘이 가리키는 작은 눈금 한 칸은 1분을 나타냅니다.

3 (1) 46분은 긴바늘이 9(45분)에서 작은 눈금 1칸을 더 간 곳을 가리키게 그립니다.
　　(2) 18분은 긴바늘이 3(15분)에서 작은 눈금 3칸을 더 간 곳을 가리키게 그립니다.

스스로 풀어내는 도전 10 문제 092~093쪽

1 (0에서부터 시계 방향으로) 15, 25, 30, 40, 50, 55
2 (1) 11, 10 (2) 12, 58
3 2, 43

---

4 ✕ (선 연결)
5 2시 50분
6 (시계 그림)
7 5시 17분
8 4, 39, 줄넘기
⁺9 8시 44분
⁺10 55, 11 / 12, 55

1 시계의 긴바늘이 가리키는 숫자가 3이면 15분, 5이면 25분, 6이면 30분, 8이면 40분, 10이면 50분, 11이면 55분을 나타냅니다.

2 (1) 시계의 짧은바늘은 11과 12 사이에 있고, 긴바늘은 2를 가리키므로 11시 10분입니다.
　　(2) 시계의 짧은바늘은 12와 1 사이에 있고, 긴바늘은 11(55분)에서 작은 눈금 3칸을 더 간 곳을 가리키므로 12시 58분입니다.

3 짧은바늘은 2와 3 사이에 있으므로 2시를 나타냅니다. 긴바늘은 8(40분)에서 작은 눈금 3칸을 더 간 곳을 가리키므로 43분을 나타냅니다. → 2시 43분

4 • 시계의 짧은바늘은 4와 5 사이에 있고, 긴바늘은 1을 가리키므로 4시 5분입니다.
　　• 시계의 짧은바늘은 12와 1 사이에 있고, 긴바늘은 9(45분)에서 작은 눈금 4칸을 더 간 곳을 가리키므로 12시 49분입니다.
　　• 시계의 짧은바늘은 6과 7 사이에 있고, 긴바늘은 5(25분)에서 작은 눈금 2칸을 더 간 곳을 가리키므로 6시 27분입니다.

5 짧은바늘은 2와 3 사이에 있으므로 2시입니다. 긴바늘은 10을 가리키므로 50분입니다. → 2시 50분

6 짧은바늘이 3과 4 사이에 있고 긴바늘이 6(30분)에서 작은 눈금 2칸을 더 간 곳을 가리키도록 나타냅니다.

7 시계의 짧은바늘은 5와 6 사이에 있으므로 5시를 나타냅니다. 긴바늘은 3(15분)에서 작은 눈금 2칸을 더 간 곳을 가리키므로 17분입니다. → 5시 17분

8 현아는 4시 39분에 줄넘기를 하였습니다.

⁺9 짧은바늘은 8과 9 사이를 가리키고 있으므로 8시이고, 긴바늘은 9(45분)에서 작은 눈금으로 1칸 덜 간 곳을 가리키고 있으므로 44분입니다. → 8시 44분

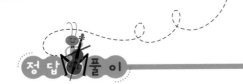
21일 여러 가지 방법으로 시각 읽기

확인 ──────── 094쪽

① (1) 8, 55 (2) 5 (3) 9, 5

② 45 /

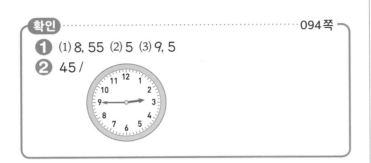

기본기 다지는 교과서 문제 095쪽

1 (1) 6, 50 / 7, 10 (2) 1, 55 / 2, 5

2 (1) (2)

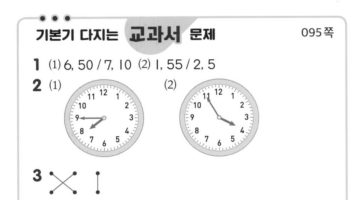

3 ⨯ ⋮

---

1 (1) 6시 50분은 7시가 되기 10분 전의 시각이므로 7시 10분 전이라고도 합니다.

(2) 1시 55분은 2시가 되기 5분 전의 시각이므로 2시 5분 전이라고도 합니다.

2 (1) 8시 15분 전은 7시 45분이므로 짧은바늘은 7과 8 사이에 있고 긴바늘은 9를 가리키도록 나타냅니다.

(2) 4시 5분 전은 3시 55분이므로 짧은바늘은 3과 4 사이에 있고 긴바늘은 11을 가리키도록 나타냅니다.

3 · 1시 45분은 2시가 되기 15분 전의 시각이므로 2시 15분 전이라고도 합니다.

· 11시 50분은 12시가 되기 10분 전의 시각이므로 12시 10분 전이라고도 합니다.

· 2시 55분은 3시가 되기 5분 전의 시각이므로 3시 5분 전이라고도 합니다.

스스로 풀어내는 도전 10 문제 096~097쪽

1 7, 45 / 8, 15

2 (1) 10 (2) 55 (3) 12 (4) 10, 5

---

3 ⨯ 4 / 8, 50

5 ( ) (○) ( ) 6 11

7 미성 8 23

⁺9 8, 50 ⁺10 15, 7, 15

---

1 시계는 7시 45분을 나타냅니다. 7시 45분은 8시가 되기 15분 전의 시각이므로 8시 15분 전이라고도 합니다.

2 (1) 3시 50분은 4시가 되기 10분 전의 시각이므로 4시 10분 전입니다.

(2) 6시 5분 전은 6시가 되기 5분 전의 시각과 같으므로 5시 55분입니다.

(3) 11시 45분은 12시가 되기 15분 전의 시각이므로 12시 15분 전입니다.

(4) 9시 55분은 10시가 되기 5분 전의 시각이므로 10시 5분 전입니다.

3 · 5시 45분은 6시가 되기 15분 전의 시각이므로 6시 15분 전입니다.

· 6시 55분은 7시가 되기 5분 전의 시각이므로 7시 5분 전입니다.

· 4시 50분은 5시가 되기 10분 전의 시각이므로 5시 10분 전입니다.

4 9시 10분 전은 9시가 되기 10분 전의 시각이므로 8시 50분입니다.

5 시계는 4시 55분을 나타내므로 5시 5분 전이라고 말할 수 있습니다. 따라서 옳게 말한 사람은 종욱입니다.

6 12시 5분 전은 11시 55분입니다. 55분일 때 긴바늘은 11을 가리킵니다.

7 4시 10분 전은 3시 50분과 같습니다. 따라서 숙제를 더 일찍 끝마친 친구는 미성입니다.

8 시계는 8시 45분을 나타내므로 ㉠은 8입니다. 또한 8시 45분은 9시 15분 전이므로 ㉡은 15입니다. 따라서 ㉠과 ㉡의 합은 8+15=23입니다.

⁺9 9시 10분 전은 9시가 되기 10분 전의 시각이므로 8시 50분입니다.

⁺10 6시 45분은 7시가 되기 15분 전의 시각이므로 7시 15분 전이라고도 합니다.

22일 1시간 알아보기

확인

① (1) I (2) 3 (3) 60, 90

② 6시 I0분 20분 30분 40분 50분 7시 / 50

□□□□□□

기본기 다지는 교과서 문제

099쪽

1 (1) 2 (2) I60 (3) I80 (4) 3, 20

2 6시 I0분 20분 30분 40분 50분 7시 I0분 20분 30분 40분 50분 8시

□□□□□□□□□□□□

/ I시간 30분

3 I2시 I0분 20분 30분 40분 50분 I시 I0분 20분 30분 40분 50분 2시

□□□□□□□□□□□□

/ I, 20

---

1 60분은 I시간입니다.
(1) I20분＝60분＋60분＝2시간
(2) 2시간 40분＝60분＋60분＋40분＝I60분
(3) 3시간＝60분＋60분＋60분＝I80분
(4) 200분＝60분＋60분＋60분＋20분
　　　　＝3시간 20분

2 시간 띠의 한 칸의 크기는 I0분을 나타내고 색칠한 부분은 9칸입니다. 따라서 6시 30분부터 8시까지는 90분입니다.
➡ 90분＝60분＋30분＝I시간 30분

3 시간 띠의 한 칸의 크기는 I0분을 나타내고 색칠한 부분은 8칸입니다. 따라서 I2시 20분부터 I시 40분까지는 80분입니다.
➡ 80분＝60분＋20분＝I시간 20분

스스로 풀어내는 도전 10 문제

100~101쪽

1 I시간 25분

2 7시 I0분20분30분40분50분8시 I0분20분30분40분50분 9시

□□□□□□□□□□□□

/ I시간 40분

3 가 영화　　　　**4** 2시간 50분

5 4시간 50분　　**6** 4바퀴

7 I시 I5분　　　**8** 3시 45분

⁺**9** I0시 50분

⁺**10** 2, 25, 3, 45, I, 20

---

1 60분은 I시간입니다.
85분＝60분＋25분＝I시간 25분

2 독서를 시작한 시각: 7시 I0분
독서를 끝낸 시각: 8시 50분
7시 I0분부터 8시 50분까지 시간 띠에 나타내어 보면 시간 띠 I0칸만큼이므로 I00분이 걸렸습니다.
➡ I00분＝60분＋40분＝I시간 40분

3 가 영화: I시간 45분＝60분＋45분＝I05분
나 영화: I00분
➡ I05＞I00이므로 가 영화의 상영 시간이 더 깁니다.

힌트북 44쪽

4

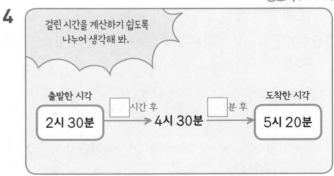

걸린 시간을 계산하기 쉽도록 나누어 생각해 봐.

출발한 시각　　□시간 후　　□분 후　　도착한 시각
2시 30분　→　4시 30분　→　5시 20분

2시 30분 ──2시간 후──→ 4시 30분 ──50분 후──→ 5시 20분

➡ 종욱이가 집에서부터 할아버지 댁까지 가는 데 걸린 시간은 2시간 50분입니다.

5 서울에서 8시에 출발하여 부산에 I2시 50분에 도착합니다.

8시 ──4시간 후──→ I2시 ──50분 후──→ I2시 50분

➡ 4시간 50분

6 3시 45분부터 7시 45분까지는 4시간입니다. 4시간 동안 시계의 긴바늘은 4바퀴 돕니다.

7 3시 25분에서 2시간 10분 전은

3시 25분 $\xrightarrow{\text{2시간 전}}$ 1시 25분 $\xrightarrow{\text{10분 전}}$ 1시 15분입니다.

힌트북 45쪽

8

전반전 시작 시각: 2시

전반전 경기 시간	45분
휴식 시간	15분
후반전 경기 시간	45분

2시에서 후반전이 끝난 시각까지 (45+15+45)분이 걸렸어.

전반전 시작 시각이 2시이므로 후반전이 끝나는 시각은

2시 $\xrightarrow{\text{전반전 45분}}$ 2시 45분 $\xrightarrow{\text{휴식 15분}}$ 3시 $\xrightarrow{\text{후반전 45분}}$ 3시 45분입니다.

+9 2교시가 끝나는 시각은 10시에서 40분 후이므로 10시 40분입니다. 2교시 후 쉬는 시간은 10시 40분부터 10시 50분까지이므로 3교시 수업을 시작하는 시각은 10시 50분입니다.

+10 수영을 시작한 시각은 2시 25분이고, 끝낸 시각은 3시 45분입니다.

2시 25분 $\xrightarrow{\text{1시간 후}}$ 3시 25분 $\xrightarrow{\text{20분 후}}$ 3시 45분

➜ 영민이가 수영을 하는 데 걸린 시간은 1시간 20분입니다.

본책 102~105쪽

23일 하루의 시간 알아보기

확인 ·································· 102쪽

① (1) 24 (2) 2, 1, 2 (3) 3, 51 (4) 24, 4
② (1) 오전 (2) 오후 (3) 오후

기본기 다지는 교과서 문제 103쪽

1 (1) 48 (2) 1, 18 (3) 77 (4) 5
2 (1) 오후 (2) 오전 (3) 오후 (4) 오후
3
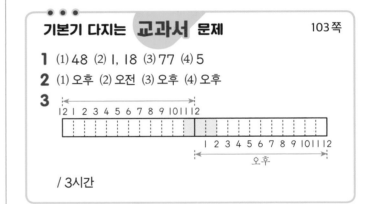
/ 3시간

1 1일은 24시간입니다.
(1) 2일=24시간+24시간=48시간
(2) 42시간=24시간+18시간=1일 18시간
(3) 3일 5시간=24시간+24시간+24시간+5시간 =77시간
(4) 120시간 =24시간+24시간+24시간+24시간+24시간 =5일

3 시간 띠의 1칸의 크기는 1시간을 나타냅니다. 오전 11시부터 오후 2시까지 3칸을 색칠해야 하므로 3시간입니다.

스스로 풀어내는 도전 10 문제 104~105쪽

1 ㉢
2 오전, 오후
3 점심 식사, 영화 관람
4 4시간 40분
5 오후
6 36시간
7 (1) 오후에 ○표, 5, 10 (2) 오전에 ○표, 4, 10
8 오전에 ○표, 11, 40

+9
| 서울 | 오후 1시 | 오후 3시 | 오후 5시 | 오후 7시 | 오후 9시 |
| 런던 | 오전 5시 | 오전 7시 | 오전 9시 | 오전 11시 | 오후 1시 |

/ 오전 1시 40분

+10 11, 15, 12, 30, 1, 15

---

1 ㉢ 3일＝24시간＋24시간＋24시간
＝72시간

3 숙제를 하는 시각은 오후 4시입니다. 낮 12시부터 오후 4시 사이에 할 일은 점심 식사와 영화 관람입니다.

4 오전 11시 ──1시간 후──→ 낮 12시
──3시간 40분 후──→ 오후 3시 40분

➡ 등산을 한 시간은 4시간 40분입니다.

5 해수욕은 낮 1시부터 6시까지 했으므로 오후입니다.

6 첫째 날 오전 7시 ──1일(24시간) 후──→ 둘째 날 오전 7시
──12시간 후──→ 둘째 날 오후 7시

➡ 서준이네 가족이 여행을 하는 데 걸린 시간은 36시간입니다.

7 (1) 긴바늘이 한 바퀴 돌면 1시간이 지난 것입니다. 오후 4시 10분에서 1시간이 지난 시각은 오후 5시 10분입니다.
(2) 짧은바늘이 한 바퀴 돌면 12시간이 지난 것입니다. 오후 4시 10분에서 12시간이 지난 시각은 오전 4시 10분입니다.

8 오후 1시 10분 ──1시간 전──→ 오후 12시 10분
──30분 전──→ 오전 11시 40분

➡ 축구 경기를 시작한 시각은 오전 11시 40분입니다.

+9 오후 1시와 오전 5시의 두 시각의 차이는 8시간입니다. 따라서 런던이 서울보다 8시간 더 느리므로 서울이 오전 9시 40분일 때 런던의 시각은 오전 1시 40분입니다.

24일 달력 알아보기

확인 106쪽

❶ (1) 7 (2) 7, 21 (3) 12 (4) 6, 2, 6
❷ (1) 31 (2) 8, 15, 22, 29 (3) 26

기본기 다지는 교과서 문제 107쪽

1 (1) 14 (2) 24 (3) 4 (4) 3
2 ( )( )(○)
( )(○)(○)
3 (1)

3월

일	월	화	수	목	금	토
				1	2	3	4
5	6	7	8	9	10	11
12	13	14	15	16	17	18
19	20	21	22	23	24	25
26	27	28	29	30	31	

(2) 3월 10일

---

1 1주일은 7일이고, 1년은 12개월입니다.
(1) 2주일＝7일＋7일＝14일
(2) 2년＝12개월＋12개월＝24개월
(3) 28일＝7일＋7일＋7일＋7일
＝4주일
(4) 36개월＝12개월＋12개월＋12개월
＝3년

2 • 날수가 28일 또는 29일인 달: 2월
• 날수가 30일인 달: 4월, 6월, 9월, 11월
• 날수가 31일인 달: 1월, 3월, 5월, 7월, 8월, 10월, 12월

3 (2) 슬기의 생일은 3월의 마지막 날이므로 3월 31일입니다. 31일보다 21일 전은 31－21＝10(일)이므로 민호의 생일은 3월 10일입니다.

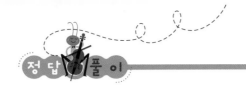

스스로 풀어내는 도전 10 문제 108~109쪽

1 5번

2 23일 **3** 7월 8일

4 (생략)

5 목요일 **6** 수요일

7 50개월 **8** 22일

⁺9 목요일

⁺10 7, 2, 2, 2, 월, 월

20~24일 단원평가 110~111쪽

01 2, 55 / 3, 5

02

03 (1) 1, 57 (2) 192 **04** 4시간 10분

05 ㉢ **06** 슬기

07 오후에 ○표, 12, 34 **08** 2시 20분

09 9시 55분

10 풀이 참조 / 4번

---

1 달력에서 월요일은 2일, 9일, 16일, 23일, 30일이므로 모두 5번 있습니다.

2 1주일은 7일이므로 16일에서 1주일 후는 16+7=23(일)입니다.

3 6월 30일은 월요일이므로 7월 1일은 화요일입니다. 7월 첫째 화요일이 7월 1일이므로 7월의 둘째 화요일은 7일 후인 7월 8일입니다.

4 1년은 12개월입니다.
· 1년 5개월=12개월+5개월=17개월
· 1년 7개월=12개월+7개월=19개월
· 2년 2개월=12개월+12개월+2개월=26개월

5 8월은 31일까지 있고, 7일마다 같은 요일이 반복되므로 8월 31일은 31-7-7-7-7=3(일)과 같은 요일인 목요일입니다.

6 10-3=7(일)이므로 10월 3일은 10일과 같은 수요일입니다.

7 1년=12개월이므로
4년 2개월
=12개월+12개월+12개월+12개월+2개월
=50개월입니다.

8 과학 발명품 대회를 하는 기간은 4월 10일부터 5월 1일까지이므로 21+1=22(일)입니다.

⁺9 같은 요일은 7일마다 반복되므로
2+7+7+7+7=30(일)은 수요일입니다. 7월 31일은 30일에서 1일 후이므로 목요일입니다.

01 시계가 나타내는 시각은 2시 55분입니다. 2시 55분은 3시가 되기 5분 전의 시각이므로 3시 5분 전이라고도 합니다.

02 · 8시 40분은 긴바늘이 숫자 8을 가리키도록 나타냅니다.
· 4시 18분은 긴바늘이 숫자 3(15분)에서 작은 눈금 3칸을 더 간 곳을 가리키도록 나타냅니다.

03 (1) 117분=60분+57분=1시간 57분
(2) 3시간 12분=60분+60분+60분+12분
=192분

04 오전 9시 10분 ──3시간 후──→ 오후 12시 10분 ──1시간 10분 후──→ 오후 1시 20분

➡ 주하가 집에서 할머니 댁까지 가는 데 걸린 시간은 4시간 10분입니다.

05 ㉢ 54개월
=12개월+12개월+12개월+12개월+6개월
=4년 6개월

06 오후 4시 5분 전은 오후 3시 55분입니다.
오후 3시 56분과 오후 3시 55분 중 더 늦은 시각은 오후 3시 56분입니다.
따라서 더 늦게 도착한 사람은 슬기입니다.

07 시계의 시각은 짧은바늘이 10과 11 사이에 있고 긴바늘이 7(35분)에서 1칸을 덜 간 곳을 가리키므로 10시 34분입니다. 오전 10시 34분에서 긴바늘이 두 바퀴 돈 후의 시각은 2시간 후인 오후 12시 34분입니다.

08 4시 $\xrightarrow{\text{I시간 전}}$ 3시
$\xrightarrow{\text{40분 전}}$ 2시 20분

→ 야구 경기가 시작한 시각은 2시 20분입니다.

9 I교시가 끝나는 시각은 9시 5분에서 40분 후이므로 9시 45분입니다. I교시 후 쉬는 시간은 9시 45분부터 9시 55분까지이므로 2교시 수업이 시작하는 시각은 9시 55분입니다.

10 예시 답안 | I I월의 목요일은 3일, 3+7=10(일), 10+7=17(일), 17+7=24(일)입니다.
따라서 I I월에 봉사 활동을 하는 날은 모두 4번입니다.

채점 기준	
❶	I I월의 목요일을 모두 구해야 함.
❷	I I월에 봉사 활동을 하는 날은 모두 몇 번인지 구해야 함.

25일 자료를 보고 표로 나타내기

확인 112쪽

1 (1) 서우, 민재, 민주 / 하준, 민아, 수진, 도영 / 예서, 소영, 혜나

(2) 2, 3, 4, 3, 12

기본기 다지는 교과서 문제 113쪽

1 유민, 민주, 서아, 지민, 혜주 / 준환, 도훈, 호세, 미영
기준, 재혁, 수정, 가희, 재훈, 민서 / 하영, 예준, 보라

2 18 명

3
좋아하는 간식별 학생 수

간식	피자	라면	치킨	햄버거	합계
학생 수 (명)	///// /////	///// /////	///// /////	///// /////	
	5	4	6	3	18

1 간식별로 좋아하는 학생을 찾아봅니다.

2 조사한 학생 수를 모두 세어 보면 18명입니다.

3 산가지(/////)의 표시 방법을 이용하여 자료를 빠뜨리지 않고 센 후 표를 완성합니다.

스스로 풀어내는 도전 10 문제 114~115쪽

1 축구 　　　　　**2** 12명

3 2, 5, 3, 2, 12

4
좋아하는 곤충별 학생 수

곤충	잠자리	사슴벌레	나비	장수풍뎅이	합계
학생 수(명)	/////	/////	/////	/////	
	3	5	4	3	15

5 표에 ○표

6 6, 4, 2, 12

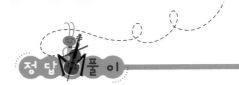

7 주사위를 굴려서 나온 눈의 횟수

눈	·	··	···	::	::·	:::	합계
횟수 (회)	2	3	2	1	4	2	14

8 1, 4, 2, 2, 9

+9 강아지

+10 3, 5, 4, 6 / 소시지빵

2 조사한 학생 수를 모두 세어 보면 12명입니다.

3 야구: 선아, 민준 ➜ 2명
축구: 지훈, 선경, 도현, 하민, 주형 ➜ 5명
농구: 주아, 지수, 설아 ➜ 3명
배드민턴: 수영, 보민 ➜ 2명
(합계)＝2＋5＋3＋2＝12(명)

힌트북 50쪽

4
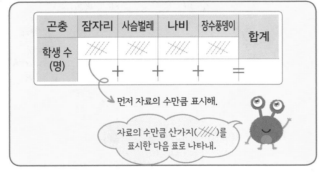

곤충	잠자리	사슴벌레	나비	장수풍뎅이	합계
학생 수 (명)		+	+	+	＝

먼저 자료의 수만큼 표시해.

자료의 수만큼 산가지(////)를 표시한 다음 표로 나타내.

5 표는 좋아하는 곤충별 학생 수를 쉽게 알 수 있습니다.

6 각 음표의 수를 세어 봅니다.

7 나온 눈에 따라 표시하면서 횟수를 세어 봅니다.

8 모양별 조각을 ○, ✕, / 등으로 표시를 하며 세어 봅니다.

+9 조사한 자료를 반려동물별로 세어 보면
고양이 5명, 강아지 4명, 열대어 3명이므로 두 번째로 많은 학생이 키우는 반려동물은 강아지입니다.

본책 116~119쪽

26일 그래프로 나타내기

확인 116쪽

1 (1) 책 수
(2) 한 달 동안 읽은 종류별 책 수

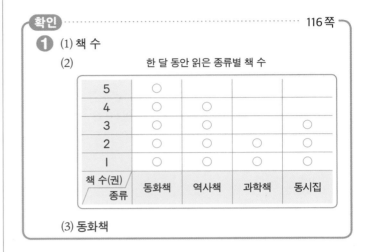

책 수(권) \ 종류	동화책	역사책	과학책	동시집
5	○			
4	○	○		
3	○	○		○
2	○	○	○	○
1	○	○	○	○

(3) 동화책

기본기 다지는 **교과서** 문제 117쪽

1 ㉢, ㉣, ㉡

2 좋아하는 계절별 학생 수

학생 수(명) \ 계절	봄	여름	가을	겨울
6		○		
5	○	○		○
4	○	○	○	○
3	○	○	○	○
2	○	○	○	○
1	○	○	○	○

3 그래프에 ○표

2 가로는 계절, 세로는 학생 수를 나타냅니다.
봄 5칸, 여름 6칸, 가을 4칸, 겨울 5칸에 각각 ○를 표시합니다.

3 그래프는 계절별 학생 수를 한눈에 알아보기 편리합니다.

1 18명

2

취미별 학생 수

6	○			
5	○			○
4	○		○	○
3	○	○	○	○
2	○	○	○	○
1	○	○	○	○
학생 수(명)／취미	운동	악기	미술	독서

3

취미별 학생 수

독서	×	×	×	×	×	
미술	×	×	×	×		
악기	×	×	×			
운동	×	×	×	×	×	×
취미／학생 수(명)	1	2	3	4	5	6

4 3명   **5** 7칸

6

가고 싶어 하는 장소별 학생 수

놀이공원	/	/	/	/	/	/	/
영화관	/	/	/	/	/		
동물원	/	/	/				
박물관	/	/	/	/			
장소／학생 수(명)	1	2	3	4	5	6	7

7 2명

8 예

좋아하는 채소별 학생 수

파프리카	△	△	△			
감자	△	△	△	△	△	△
오이	△	△	△	△		
당근	△	△	△	△	△	
채소／수(명)	1	2	3	4	5	6

⁺9

학생별 칭찬 붙임딱지 수

7		×		
6		×		
5		×	×	
4		×	×	×
3	×	×	×	×
2	×	×	×	×
1	×	×	×	×
붙임딱지 수(장)／이름	혜나	선우	민정	보민

⁺10 예 7명인 학생 수를 나타낼 수 없기 때문입니다.

1 (전체 학생 수)=6+3+4+5=18(명)

2 가로는 취미, 세로는 학생 수를 나타냅니다. 학생 수만큼 운동 6칸, 악기 3칸, 미술 4칸, 독서 5칸에 각각 ○를 표시합니다.

3 가로는 학생 수, 세로는 취미를 나타냅니다. 각 취미별 학생 수만큼 왼쪽에서 오른쪽으로 ×를 빈칸 없이 표시합니다.

4

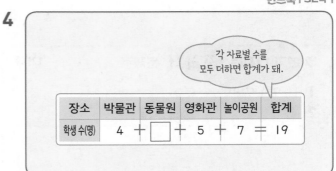

각 자료별 수를 모두 더하면 합계가 돼.

장소	박물관	동물원	영화관	놀이공원	합계
학생 수(명)	4 +	□ +	5 +	7 =	19

(동물원에 가고 싶어 하는 학생 수)
=19−4−5−7=3(명)

5 가고 싶어 하는 장소별 학생 수는
박물관 4명, 동물원 3명, 영화관 5명, 놀이공원 7명으로 놀이공원을 가고 싶어 하는 학생이 가장 많습니다.
따라서 가로를 적어도 7칸으로 나타내어야 합니다.

6 박물관 4칸, 동물원 3칸, 영화관 5칸, 놀이공원 7칸에 각각 /를 표시합니다.

7 (오이를 좋아하는 학생 수)=18−5−6−3=4(명)입니다.
따라서 감자를 좋아하는 학생은 오이를 좋아하는 학생보다 6−4=2(명) 더 많습니다.

8 가로는 학생 수, 세로는 채소를 나타냅니다.
당근 5칸, 오이 4칸, 감자 6칸, 파프리카 3칸에 각각 △를 왼쪽에서 오른쪽으로 빈칸 없이 표시합니다.

⁺9 칭찬 붙임딱지의 수를 보면
혜나 3장, 선우 7장, 보민 4장이므로 민정이가 모은 칭찬 붙임딱지는 19−3−7−4=5(장)입니다.

27일 표와 그래프의 내용 알아보기 / 표와 그래프로 나타내기

확인 ··· 120쪽

1 (1) 14 (2) 뮤지컬

기본기 다지는 교과서 문제   121쪽

1 11, 9, 4, 7, 31

2 예

1월의 날씨별 날수

11	○			
10	○			
9	○	○		
8	○	○		
7	○	○		○
6	○	○		○
5	○	○		○
4	○	○	○	○
3	○	○	○	○
2	○	○	○	○
1	○	○	○	○
날수(일) \ 날씨	맑음	흐림	비	눈

1 날씨별 날수를 /, ∨, × 등의 표시를 하면서 세어 봅니다.

2 가로는 날씨, 세로는 날수를 나타내도록 그래프를 그립니다.
맑음 11칸, 흐림 9칸, 비 4칸, 눈 7칸에 각각 ○를 표시합니다.

스스로 풀어내는 도전 10 문제   122~123쪽

1 19명

2 2명

3 4명

4

좋아하는 꽃별 학생 수

7	/			
6	/			/
5	/	/		/
4	/	/		/
3	/	/		/
2	/	/	/	/
1	/	/	/	/
학생 수(명) \ 종류	장미	튤립	국화	백합

5 장미, 백합

6 ㉠, ㉢

7

학생들이 다니는 학원별 학생 수

6			/	
5	/		/	
4	/		/	
3	/	/	/	
2	/	/	/	/
1	/	/	/	/
학생 수(명) \ 학원	피아노	태권도	수영	미술

/ 태권도, 피아노, 수영, 미술

8 6, 3 /

좋아하는 과목별 학생 수

창·체	○	○	○			
바른생활	○	○	○	○	○	○
수학	○	○	○	○		
국어	○	○	○	○	○	
과목 \ 학생 수(명)	1	2	3	4	5	6

⁺**9** 5명

⁺**10** 자연사박물관

1 (합계)=5+7+3+4=19(명)

2 초코 맛을 좋아하는 학생은 5명이고, 바닐라 맛을 좋아하는 학생은 3명이므로 초코 맛을 좋아하는 학생이 5-3=2(명) 더 많습니다.

5 그래프에서 ○가 5개보다 많은 꽃을 찾아보면 장미(7개)와 백합(6개)입니다.

6 ⓒ 하나네 반 학생인 동훈이가 어떤 꽃을 좋아하는지 알 수 있으려면 조사한 자료가 있어야 합니다.

힌트북 **55**쪽

7
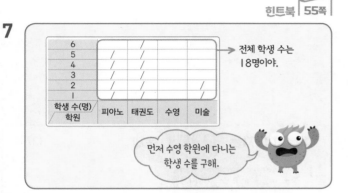

피아노 5명, 태권도 6명, 미술 2명이므로 수영 학원을 다니는 학생은 17-5-6-2=4(명)입니다.
따라서 많은 학생들이 다니는 학원부터 차례로 쓰면 태권도, 피아노, 수영, 미술입니다.

8 그래프를 보면 바른생활은 6명입니다.
표를 보면 현우네 반 전체 학생 수가 18명이므로 창·체를 좋아하는 학생은 18-5-4-6=3(명)입니다.

+9 한라산과 지리산을 좋아하는 학생은
22-6-2-4=10(명)입니다.
5+5=10이므로 한라산과 지리산을 좋아하는 학생은 각각 5명입니다.

01 민정, 윤슬, 진수, 별이
02

받고 싶은 생일 선물별 학생 수

종류	책	장난감	학용품	보드게임	합계
학생 수 (명)	/////	/////	/////	/////	
	3	4	2	3	12

03 12명
04 나라 / 학생 수
05

가고 싶은 나라별 학생 수

중국	×	×	×	×		
캐나다	×	×	×	×	×	
영국	×	×	×			
미국	×	×	×	×		
나라 \ 학생 수(명)	1	2	3	4	5	6

06 미국, 캐나다
07 6명
08

배우고 싶은 악기별 학생 수

학생 수(명)	드럼	피아노	플루트	우쿨렐레
7		∨		
6		∨	∨	
5		∨	∨	
4		∨	∨	∨
3	∨	∨	∨	∨
2	∨	∨	∨	
1	∨	∨	∨	∨

09 예서
10 풀이 참조 / 23명

02 책: 서영, 서진, 소미 ➡ 3명
장난감: 민정, 윤슬, 진수, 별이 ➡ 4명
학용품: 도훈, 진아 ➡ 2명
보드게임: 하영, 혜나, 도아 ➡ 3명
(합계)=3+4+2+3=12(명)

03 표에서 합계는 12이므로 12명입니다.

04 가로에는 나라, 세로에는 학생 수를 나타내었습니다.

05 가로는 학생 수, 세로는 나라를 나타냅니다.

06 가고 싶은 나라별 학생 수는
미국 5명, 영국 3명, 캐나다 6명, 중국 4명이므로
4명보다 많은 나라는 미국, 캐나다입니다.

07 플루트를 배우고 싶은 학생은 20−3−7−4=6(명)
입니다.

08 드럼 3칸, 피아노 7칸, 플루트 6칸, 우쿨렐레 4칸에 각
각 ∨를 표시합니다.

09 반 대표 선거의 후보별 득표 수를 보면
경아 6표, 민주 5표, 지훈 4표이므로 예서의 득표 수는
22−6−5−4=7(표)입니다.
예서가 7표로 가장 표를 많이 얻었으므로 반에서 대표
가 될 사람은 예서입니다.

10 (예시) (답안) 연날리기를 좋아하는 학생은 5+3=8(명)입
니다. 따라서 조사한 학생은 모두
8+6+4+5=23(명)입니다.

채점 기준	❶ 연날리기를 좋아하는 학생 수를 구해야 함.
	❷ 조사한 학생 수를 구해야 함.

본책 126~129쪽

28일 덧셈표에서 규칙 찾기

확인 126쪽

❶ (1) 1 (2) 1 (3) 2

기본기 다지는 교과서 문제 127쪽

1

+	2	4	6	8	10
2	4	6	8	10	12
4	6	8	10	12	14
6	8	10	12	14	16
8	10	12	14	16	18
10	12	14	16	18	20

2 2

3 4

4 (1) ○ (2) × (3) ○

1 가로줄에 있는 수와 세로줄에 있는 수가 만나는 곳에 두
수의 합을 씁니다.

2 파란색으로 칠해진 수 8, 10, 12, 14, 16은 오른쪽으로
갈수록 2씩 커지는 규칙이 있습니다.

3 초록색 점선에 놓인 수 4, 8, 12, 16, 20은 ↘ 방향으로
갈수록 4씩 커지는 규칙이 있습니다.

1

+	0	3	6	9
0	0	3	6	9
3	3	6	9	12
6	6	9	12	15
9	9	12	15	18

2 서준

3 6

4

+	7	8	9	10
3	10	11	12	13
4	11	12	13	14
5	12	13	14	15
6	13	14	15	16

5 ㉢

6

11	12		14
	13	14	15
	14	15	16
			17

7 / 4

+	4	8	12	16
1	5	9	13	17
2	6	10	14	18
3	7	11	15	19
4	8	12	16	20

8 35

+9 로운

+10 8, 5, 12, ㉢

---

1 가로줄에 있는 수와 세로줄에 있는 수가 만나는 곳에 두 수의 합을 씁니다.

2 파란색으로 칠해진 6, 9, 12, 15는 짝수, 홀수가 반복되는 규칙이 있고 오른쪽으로 갈수록 3씩 커지는 규칙이 있습니다.

3 초록색 점선에 놓인 수 0, 6, 12, 18은 ＼ 방향으로 갈수록 6씩 커지는 규칙이 있습니다.

4

+	7	㉠	㉡	㉢
3	10	11	12	13
㉣	11	12	13	14
㉤	12	㉦	14	15
㉥	13	㉧	㉨	㉩

3+㉠=11, 11-3=㉠, ㉠=8
3+㉡=12, 12-3=㉡, ㉡=9
3+㉢=13, 13-3=㉢, ㉢=10
㉣+7=11, 11-7=㉣, ㉣=4
㉤+7=12, 12-7=㉤, ㉤=5
㉥+7=13, 13-7=㉥, ㉥=6
㉦=㉤+㉠=5+8=13
㉧=㉥+㉠=6+8=14
㉨=㉥+㉡=6+9=15
㉩=㉥+㉢=6+10=16

힌트북 56쪽

5

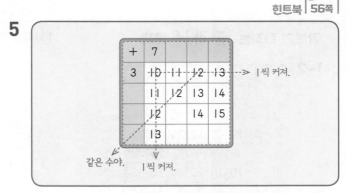

㉠ 같은 줄에서 오른쪽으로 갈수록 1씩 커지는 규칙이 있습니다.
㉡ 같은 줄에서 아래쪽으로 내려갈수록 1씩 커지는 규칙이 있습니다.

6 오른쪽으로 갈수록 1씩 커지고, 아래쪽으로 갈수록 1씩 커지는 규칙이 있습니다. 규칙에 따라 빈칸에 알맞은 수를 써넣습니다.

7 같은 줄에서 오른쪽으로 갈수록 4씩 커지는 규칙이 있습니다.

8 초록색 점선에 놓인 수 2, 6, 10은 ＼ 방향으로 갈수록 4씩 커지는 규칙이 있습니다. 따라서 23부터 4씩 뛰어 세면 23-27-31-35이므로 ♥에 알맞은 수는 35입니다.

+9 지혜: ／ 방향으로 갈수록 십의 자리 숫자가 작아지는 규칙이 있습니다.

+10 색칠된 부분의 가로줄에 있는 수와 세로줄에 있는 수가 만나는 곳에 두 수의 합을 씁니다.

📖 본책 130~133쪽

29일 곱셈표에서 규칙 찾기

확인 ··· 130쪽

1 (1) 3 (2) 5 (3) 같습니다에 ○표

● ● ●

기본기 다지는 교과서 문제 131쪽

1~2

×	1	2	3	4	5	6	7
1	1	2	3	4	5	6	7
2	2	4	6	8	10	12	14
3	3	6	9	12	15	18	21
4	4	8	12	16	20	24	28
5	5	10	15	20	25	30	35
6	6	12	18	24	30	36	42
7	7	14	21	28	35	42	49

3 7

4

원: 72, 8, 16, 24, 32, 40, 48, 56, 64

1 가로줄에 있는 수와 세로줄에 있는 수가 만나는 곳에 두 수의 곱을 씁니다.

2 빨간색으로 칠해진 수는 3의 단 곱셈구구입니다. → 방향에서 3의 단 곱셈구구를 찾아 색칠합니다.

3 보라색으로 칠해진 수 7, 14, 21, 28, 35, 42, 49는 오른쪽으로 갈수록 7씩 커지는 규칙이 있습니다.

4 8부터 시계 방향으로 한 칸 갈 때마다 8씩 커지는 규칙이 있습니다.
$32+8=40$, $40+8=48$, $56+8=64$

● ● ●

스스로 풀어내는 도전 10 문제 132~133쪽

1

×	3	4	5	6
3	9	12	15	18
4	12	16	20	24
5	15	20	25	30
6	18	24	30	36

2 4 / 4

3 예 서로 같습니다.

4

×	1	3	5	7
1	1	3	5	7
3	3	9	15	21
5	5	15	25	35
7	7	21	35	49

5 윤하

6

		54	
	56	63	
56	64	72	
54	63	72	

7 ㉡

8 12

⁺9 2 / 3

⁺10 오른쪽에 ○표, 8 / 같은에 ○표, 곱

1 가로줄에 있는 수와 세로줄에 있는 수가 만나는 곳에 두 수의 곱을 씁니다.
$4×5=20$, $4×6=24$,
$6×4=24$, $6×5=30$, $6×6=36$

2 빨간색으로 칠해진 수는 4의 단 곱셈구구입니다. 12, 16, 20, 24는 아래쪽으로 내려갈수록 4씩 커지는 규칙이 있습니다.

힌트북 58쪽

3

×	3	4	5	6
3	9		12	15	18
4	12	16		
5	15	20	25	30
6	18			

점선을 따라 접었을 때 만나는 수는 ■×▲와 ▲×■의 관계야.

초록색 점선을 따라 접으면 만나는 수는 서로 같습니다.

5 윤하: I부터 49까지 ＼ 방향에 놓인 수는 같은 수의 곱이고, 8, I6, 24씩 커집니다.

6

		㉠
	56	63
56	64	㉡
54	㉢	72

- 가로 칸에 있는 56, 64는 8만큼 커졌으므로 8의 단 곱셈구구의 일부이므로 ㉡=64+8=72입니다.
- 8의 단 곱셈구구의 아랫줄은 9의 단 곱셈구구이므로 ㉢=54+9=63입니다.
- 세로 칸에 있는 56, 64, 72는 8만큼 커졌으므로 8의 단 곱셈구구의 일부이고, 8의 단 곱셈구구의 오른쪽 줄은 9의 단 곱셈구구이므로 ㉠=63-9=54입니다.

7 ●에 들어갈 수는 8×6=48입니다.
㉠=6×7=42, ㉡=6×8=48, ㉢=7×7=49,
㉣=7×8=56이므로 48이 들어갈 곳은 ㉡입니다.

8

×	3	5	7	9
2	6			
㉢		20	㉠	
6				
㉣		㉡		72

㉢×5=20에서 4×5=20이므로 ㉢=4입니다.
➡ ㉠=㉢×7=4×7=28
㉣×9=72에서 8×9=72이므로 ㉣=8입니다.
➡ ㉡=㉣×5=8×5=40
따라서 ㉠과 ㉡에 알맞은 수의 차는 40-28=I2입니다.

+9 빨간색 선 안에 있는 수들의 합은 2+4+2=8입니다.
8=2×2×2이므로 ▉=2입니다.
파란색 선 안에 있는 수들의 합은
3+6+9+6+3=27입니다. 27=3×3×3이므로
▲=3입니다.

📖 본책 134~137쪽

30일 무늬에서 규칙 찾기 / 쌓은 모양에서 규칙 찾기

확인 ·· 134쪽

❶ △ ▲

❷ I, 3

기본기 다지는 교과서 문제 135쪽

1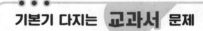

2 ㅂ, ㄹ, 노란

3

I	2	2	3	I	2	2	3	I	2
2	3	I	2	2	3	I	2	2	3
I	2	2	3	I	2	2	3	I	2

4 9개

---

2 ㅁ, ㅇ, ㅂ, ㄹ이 반복되고, 초록색과 노란색이 반복되는 규칙이 있습니다.

3 ◆ 대신에 I, ◆ 대신에 2, ◆ 대신에 3을 써넣습니다.

4 왼쪽에 2층으로 쌓기나무가 2개씩 늘어나는 규칙입니다.
따라서 다음에 이어질 모양은 오른쪽과 같고, 쌓기나무는 7+2=9(개)입니다.

스스로 풀어내는 **도전 10 문제**　136~137쪽

1

2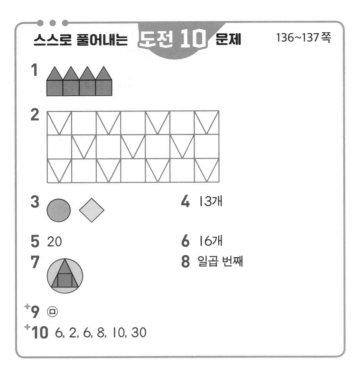

3 　　　　**4** 13개

5 20　　　　**6** 16개

7 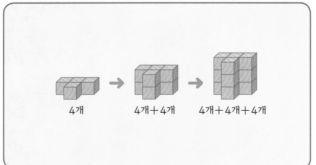　　　　**8** 일곱 번째

⁺9 ㉤

⁺10 6, 2, 6, 8, 10, 30

1 삼각형 모양과 사각형 모양이 각각 1개씩 늘어나는 규칙이 있습니다.

2 ▽ 모양이 두 칸마다 반복되는 규칙이 있습니다.

3 ◇, ○ 모양이 각각 1개씩 늘어나고 노란색과 주황색이 반복되는 규칙이므로, □ 안에는 ● ◆ 모양을 그려야 합니다.

4 구슬이 1개, 4개, 7개, 10개로 3개씩 늘어나는 규칙이 있습니다. 따라서 다음에 이어질 목걸이에는 구슬이 10＋3＝13(개) 있습니다.

힌트북 **60**쪽

5

한 층에 4개씩 쌓았으므로 2층으로 쌓은 모양에서 쌓기나무는 4＋4＝8(개)이고, 3층으로 쌓은 모양에서 쌓기나무는 4＋4＋4＝12(개)입니다.
따라서 ㉠＝8, ㉡＝12이므로 ㉠＋㉡＝8＋12＝20입니다.

6 한 층에 4개씩 쌓았으므로 4층으로 쌓으려면 쌓기나무는 4＋4＋4＋4＝16(개)가 필요합니다.

힌트북 **61**쪽

7

   가 반복되는 규칙이므로

□ 안에는 모양을 그려야 합니다.

8 층수는 1층, 2층, 3층⋯⋯으로 늘어나고, 쌓기나무의 수는 1개, 4개, 9개⋯⋯로 한 층 늘어날 때마다 3개, 5개⋯⋯씩 늘어납니다. 규칙에 따라 늘어나는 쌓기나무의 수를 알아보면 다음과 같습니다.

첫 번째: 1개
두 번째: 1＋3＝4(개)
세 번째: 1＋3＋5＝9(개)
네 번째: 1＋3＋5＋7＝16(개)
다섯 번째: 1＋3＋5＋7＋9＝25(개)
여섯 번째: 1＋3＋5＋7＋9＋11＝36(개)
일곱 번째: 1＋3＋5＋7＋9＋11＋13＝49(개)

따라서 쌓기나무 49개를 모두 쌓아 만든 모양은 일곱 번째에 놓입니다.

⁺9 바둑돌이 시계 방향으로 한 칸씩 더 이동하는 규칙입니다.

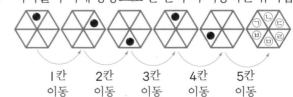

따라서 여섯 번째에 바둑돌이 들어간 곳은 다섯 번째에 놓인 칸에서 시계 방향으로 5칸 이동한 ㉤입니다.

31일 생활에서 규칙 찾기

확인 138쪽
1 (1) 1 (2) 4 (3) 3

● ● ●
기본기 다지는 교과서 문제 139쪽

1 7일
2 7, 커지는에 ○표
3 설아
4 ⬛⚪⚪🟡

---

1 모든 요일은 7일마다 반복되는 규칙이 있습니다.

2 화요일에 있는 수 5, 12, 19, 26은 아래로 내려갈수록 7씩 커집니다.

3 설아: ╱ 방향으로 갈수록 6씩 커집니다.
은지: 목요일에 있는 수 7, 14, 21, 28은 7의 단 곱셈구구와 같습니다.
따라서 규칙을 잘못 설명한 사람은 설아입니다.

4 초록색 → 노란색 → 빨간색의 순서로 등의 색깔이 바뀌는 규칙이 있으므로 빈 곳에 알맞게 색칠하면 🟢🟡🔴입니다.

● ● ●
스스로 풀어내는 도전 10 문제 140~141쪽

1 40
2 6칸
3
4 다솜
5 다열 여덟 번째
6 39번
7 33
8 월요일
⁺9 3시 55분
⁺10 33 / 33, 33, 33, 99

---

1 고속버스는 7시 20분, 8시, 8시 40분, 9시 20분, 10시……로 40분마다 출발합니다.

2 시계의 긴바늘은 6, 12, 6, 12를 차례로 가리킵니다. 따라서 시계의 긴바늘은 수 사이를 6칸씩 움직입니다.

3 시계에서 나타내는 시각을 알아보면 1시 30분 → 2시 → 2시 30분 → 3시로 30분씩 지나는 규칙이 있습니다. 따라서 마지막 시계는 3시에서 30분 지난 시각인 3시 30분으로 그려야 합니다.

4 수아: 아래로 내려갈수록 3씩 커집니다.
지훈: 오른쪽으로 갈수록 1씩 커집니다.

5 의자의 번호는 아래로 내려갈수록 11씩 커지고, 오른쪽으로 갈수록 1씩 커지는 규칙이 있습니다.
다열 첫째 의자의 번호는 12+11=23(번)이므로 30번은 다열 여덟 번째 자리입니다.

6 라열 첫째 의자의 번호는 12+11+11=34(번)이므로 라열 여섯 번째 자리 의자의 번호는 39번입니다.
따라서 민호가 앉을 의자의 번호는 39번입니다.

7 ╲ 방향으로 갈수록 6씩 커집니다. ➡ ㉠=6
오른쪽으로 갈수록 7씩 커지므로 ★에 알맞은 수는 6+7+7+7=27입니다. ➡ ㉡=27
따라서 ㉠과 ㉡에 알맞은 수의 합은 6+27=33입니다.

8 달력에서 모든 요일은 7일마다 반복되고 8일이 일요일이므로 8+7+7+7=29(일)도 일요일입니다.
6월은 30일까지 있고 29일이 일요일이므로 29일 다음날인 30일은 월요일입니다. 30일이 월요일이므로 30일 다음날인 7월 1일은 화요일입니다.
1+7+7=15(일)도 화요일이므로 15일에서 1일 전인 14일은 월요일입니다.
따라서 수빈이의 생일은 월요일입니다.

⁺9 시각이 2시 25분, 2시 50분, 3시 15분, 3시 40분으로 25분씩 지나므로 마지막 시계가 나타내는 시각은 3시 40분에서 25분 후인 4시 5분입니다.
따라서 4시 5분에서 10분 전은 3시 55분이므로 유민이가 집에서 출발하는 시각은 3시 55분입니다.

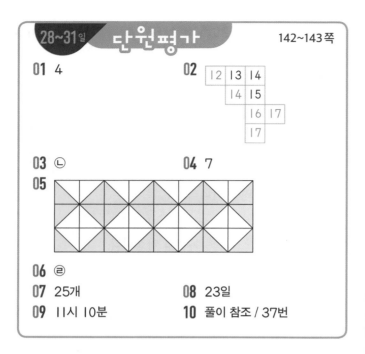

01 4

02

12	13	14
	14	15
		16	17
		17

03 ㉡

04 7

05

06 ㉣

07 25개

08 23일

09 11시 10분

10 풀이 참조 / 37번

01 빨간색 점선에 놓인 수 3, 7, 11, 15는 ＼ 방향으로 갈수록 4씩 커지는 규칙이 있습니다.

02 오른쪽으로 갈수록 1씩 커지고, 아래로 내려갈수록 1씩 커지는 규칙이 있습니다. 규칙에 따라 빈칸에 알맞은 수를 써넣습니다.

03 ㉡ 빈칸에 들어갈 수는 $4 \times 5 = 20$, $5 \times 4 = 20$으로 서로 같습니다.

04

×	1	2	3	4
3	3			
㉢		10		㉠
7				
㉣		18		㉡

㉢ $\times 2 = 10$에서 $5 \times 2 = 10$이므로 ㉢=5입니다.

㉠=㉢$\times 4 = 5 \times 4 = 20$

㉣ $\times 2 = 18$에서 $9 \times 2 = 18$이므로 ㉣=9입니다.

㉡=㉣$\times 3 = 9 \times 3 = 27$

따라서 ㉠, ㉡에 알맞은 수의 차는 $27 - 20 = 7$입니다.

05 첫 번째와 세 번째 줄은 ◹, ◸ 이 반복되는 규칙이 있고, 둘째 줄은 ◺, ◿ 이 반복되는 규칙이 있습니다.

06 ⊕ 가 반복되는 규칙입니다.

따라서 빈칸에는 ⊕ 모양이 와야 하므로 ㉣에 색칠

해야 합니다.

07 쌓기나무는 아래쪽으로 내려갈수록 3개, 4개, 5개로 1개씩 늘어나는 규칙이 있습니다.

(2층의 쌓기나무의 수)=$5 + 1 = 6$(개)

(1층의 쌓기나무의 수)=$6 + 1 = 7$(개)

(5층으로 쌓을 때 필요한 쌓기나무의 수)

=$3 + 4 + 5 + 6 + 7 = 25$(개)

08 달력에서 모든 요일은 7일마다 반복되므로 넷째 주 수요일은 $2 + 7 + 7 + 7 = 23$(일)입니다.

09 시각이 7시 10분, 8시 10분, 9시 10분, 10시 10분으로 1시간씩 지나므로 마지막 시계가 나타내는 시각은 10시 10분에서 1시간이 지난 11시 10분입니다.

10 예시 답안 의자의 번호는 아래로 내려갈수록 8씩 커지고, 오른쪽으로 갈수록 1씩 커지는 규칙이 있습니다. 마열 첫째 의자의 번호는 $9 + 8 + 8 + 8 = 33$(번)이므로 마열 다섯 번째 자리 의자의 번호는 37번입니다. 따라서 민호가 앉을 의자의 번호는 37번입니다.

채점 기준	
❶	의자의 번호에서 규칙을 찾아야 함.
❷	민호가 앉을 의자의 번호를 구해야 함.

수학이 만만해지는 힌트의 힘!

정답 · 풀이

힌트북 초등수학 1학기

| **초등수학 1-1** | **초등수학 2-1** | **초등수학 3-1** | **초등수학 4-1** | **초등수학 5-1** | **초등수학 6-1** |
| 30일차 \| 240쪽 | 35일차 \| 272쪽 | 35일차 \| 272쪽 | 30일차 \| 248쪽 | 34일차 \| 280쪽 | 35일차 \| 280쪽 |